中等职业教育"互联网+"新形态教材·计算机系列

Photoshop 基础实用教程
（第 2 版）

程　喆	麦海森	江新顺	主　编
万　宏	高　勇	田　峰	副主编
刘金莲　伍　臻	李利红	梅红艳	
钱慧云　石　权	张叙政		参　编

电子工业出版社

Publishing House of Electronics Industry

北京·BEIJING

内 容 简 介

Photoshop 是 Adobe 公司出品的平面设计软件，被设计师们广泛应用于图像处理、广告摄影、影像创意、艺术文字、网页制作、建筑效果图后期处理、界面设计、排版印刷等工作领域。

Photoshop 支持众多的图像格式，对图像的常用操作和处理达到了非常细致的程度。本书对 Photoshop 中常用的操作进行了详细的介绍，主要内容包括 Photoshop 入门须知、选区、图像调整、图层、画笔工具、钢笔工具、文字工具、滤镜。最后，通过"成长的阶梯"模块进行综合运用，以达到会用、够用、灵活用的目的。

本书既可供中等职业学校计算机平面设计专业、计算机应用专业、计算机网络技术专业、电子商务专业、市场营销专业的学生使用，也可作为 Photoshop 入门者的参考用书。

图书在版编目（CIP）数据

Photoshop 基础实用教程 / 程喆，麦海森，江新顺主编 . —2 版 . —北京：电子工业出版社，2023.3
ISBN 978-7-121-45153-9

Ⅰ . ①P… Ⅱ . ①程… ②麦… ③江… Ⅲ . ①图像处理软件－中等专业学校－教材 Ⅳ . ①TP391.413

中国国家版本馆 CIP 数据核字（2023）第 036160 号

责任编辑：贾瑞敏
印　　刷：三河市龙林印务有限公司
装　　订：三河市龙林印务有限公司
出版发行：电子工业出版社
　　　　　北京市海淀区万寿路 173 信箱　邮编 100036
开　　本：880×1 230　1/16　印张：10.75　字数：261 千字
版　　次：2016 年 10 月第 1 版
　　　　　2023 年 3 月第 2 版
印　　次：2023 年 3 月第 1 次印刷
定　　价：39.80 元

凡所购买电子工业出版社图书有缺损问题，请向购买书店调换。若书店售缺，请与本社发行部联系，联系及邮购电话：(010)88254888，88258888。

质量投诉请发邮件至 zlts@phei.com.cn，盗版侵权举报请发邮件至 dbqq@phei.com.cn。

本书咨询联系方式：邮箱 fservice@vip.163.com；手机 18310186571。

前　言

职业教育是国家教育体系的重要组成部分,是国家现代化建设中培养技术技能人才、促进就业创业创新、推动中国制造和服务水平提升的重要基础。在经济转向高质量发展的新阶段,中等职业教育必须与之适应,创新发展。

中等职业教育是我国等同于高中阶段教育的重要组成部分,而且中等职业学校的教学目标是培养具有综合职业能力的高素质技能型人才。随着我国中等职业教育改革的不断深入与创新,以就业为导向,以学生为本位,提倡学生全面发展的职业教育理念迅速应用到教学过程中,从而很好地完成了从重知识到重能力的转化。本教材在党的二十大提出的"实施科教兴国战略,强化现代化建设人才支撑""推进文化自信自强,铸就社会主义文化新辉煌"主旨精神的指导下,对上一版教材进行了修订。修订后的教材具有如下特色。

1. 教材从实际案例出发,以兴趣引领、任务驱动的方式进行授课,改变了传统教材以理论为主的写法,内容简单易懂。

2. 教材以实用、够用为度,深入浅出地介绍了相关知识内容,便于学生理解并掌握。

3. 教材坚持以学生为本位,充分激发学生的学习兴趣。

4. 重视技能培养,加强动手能力,解决实际问题。

5. 重视与实践紧密结合的项目任务和实训内容,使学生学习完本教材以后,能够具有分析问题、解决问题的能力。

6. 课程案例以思政内容为引导,潜移默化地激发学生的爱国思想、民族自信和民族自豪感,增强文化自信,激发学生文化创新创造活力。

7. 教材融入 1+X 证书内容,为"岗课赛证"四融合打下良好基础。

本教材以模块的形式进行任务分解,拓展学生思考的空间,使学生学完本教材以后能够真正掌握 Photoshop 的使用技巧。

本教材共 8 个模块,模块一介绍了绘制规则选区和不规则选区的方法;模块二介绍了颜色模式及与色彩有关的知识;模块三介绍了图层的相关操作;模块四介绍了绘图工具——画笔的使用;模块五介绍了钢笔工具的使用方法;模块六介绍了文字工具的使用方法;模块七对 Photoshop 中的增效工具——滤镜进行了介绍;模块八是综合知识应用板块,将平面设计、网页美工、电商设计等领域的一些基础知识融入 Photoshop 的知识点中,以开阔学生的视野。

本教材从 Photoshop 基础教学实际出发,将复杂的知识用简单的语言表达,专门设计了"任务分析+探索动脑"的教学结构,能够保证在学习知识点的同时,充分调动学生学习的积极性;打破传统课堂的"以教师讲"的主要方式,转变为"以学生学"的主要授课模式，通过学生自己动脑分析、动手操作，真正掌握 Photoshop 的使用方法。

　　本教材由黑龙江旅游职业技术学院佳木斯校区程喆、佛山市华材职业技术学校麦海森、江苏省高淳中等专业学校江新顺担任主编；由黑龙江旅游职业技术学院佳木斯校区万宏、高勇、田峰担任副主编；参与编写的还有江苏省沭阳中等专业学校刘金莲，佛山市华材职业技术学校伍臻，广州市信息技术职业学校李利红，黑龙江旅游职业技术学院佳木斯校区梅红艳、钱慧云、石权、张叙政。具体编写分工如下：钱慧云编写 Photoshop 入门须知；程喆编写模块一；江新顺编写模块二；梅红艳编写模块三；高勇编写模块四；刘金莲编写模块五；田峰编写模块六；万宏编写模块七；石权编写模块八中的第一阶梯，麦海森、钱慧云编写模块八中的第二阶梯，李利红、张叙政编写模块八中的第三阶梯，程喆、梅红艳编写模块八中的第四阶梯；伍臻编写附录。全书由程喆负责统稿。

　　由于作者水平有限，时间仓促，错误和疏漏之处在所难免，恳请广大读者批评指正。

编　者

目　　录

Photoshop 入门须知

一、公司简介

Adobe 公司创建于 1982 年，是世界上第二大桌面软件公司，总部位于美国加利福尼亚州圣何塞市。Adobe 公司的 Photoshop 自 1990 年推出以来，已成为世界上较受欢迎的图像处理软件之一，并成为许多涉及图像处理的行业的标准。

二、软件介绍

Photoshop 是 Adobe 公司开发的一款跨平台的平面图像处理软件，广泛应用于平面设计、数码影视后期处理、网页设计、界面设计、图形创意、插画绘制和动画制作等方面。Photoshop 具有功能强大、设计人性化、插件丰富、兼容性好等特点。

Photoshop CC（64 位）版本有先进的 3D 编辑和影像分析工具，具备先进的图像处理技术，可以有效地增强用户的创造力，提升用户的工作效率。

三、工作界面

本书以 Photoshop CC 版本为蓝本进行介绍。启动 Photoshop CC 后，其界面如图 0-1 所示。

图 0-1

通过图 0-1 可以看出，Photoshop CC 完整的操作界面由菜单栏、工具选项栏、工具箱、面板、编辑区和状态栏组成。

1. 菜单栏

在 Photoshop CC 的菜单栏中共有 11 类近百个菜单命令。利用这些菜单命令，既可以完成如复制、粘贴等基础操作，也可以完成如调整图像颜色、变换图像、修改选区、对齐分布及链接图层等较为复杂的操作。

2. 工具选项栏

工具选项栏是工具箱中工具的功能延伸。通过设置工具选项栏中的选项，不仅可以有效地增加工具在使用中的灵活性，而且能够提高工作效率。

3. 工具箱

工具箱是 Photoshop 处理图像的"集装箱"，是用户不可缺少的工作帮手。

工具箱中有上百个工具可供选择——有许多工具是被隐藏的，可以通过单击工具下方的小三角来进行选择，使用这些工具可以完成绘制、编辑、观察和测量等操作。

4. 面板

面板是 Photoshop 中非常重要的组成部分。利用 Photoshop CC 中的各种面板，可以进行显示信息、控制图层、调整动作和历史记录等操作。

5. 编辑区

编辑区即当前正在进行处理的图像文件所在的区域。

6. 状态栏

状态栏显示当前文件的显示比例、文件大小、内存使用率、操作运行时间和当前工具等提示信息。

四、初次使用

1. 图像文件的格式

理解图像文件格式的重要性，并不亚于掌握 Photoshop 中的重要工具或命令，因为使用 Photoshop 制作的图像最终都要应用到各个领域，如果不能在应用时选择正确的文件格式，那么不仅得到的效果会大打折扣，甚至可能无法正确显示。

例如，应用于彩色印刷领域的图像文件格式要求为 TIFF，如果格式为 BMP，则无法准确分色，自然也就不会有满意的印刷效果。同样，网络传输需要较小的图像文件，使用 TIFF 格式就不太合适了，GIF 或 JPEG 格式才是正确的选择。

因此，针对不同的工作任务选择不同的文件格式非常重要。下面介绍几种在 Photoshop 中使用较多的图像文件格式。

（1）PSD/PSB 格式

PSD 是 Photoshop 默认的图像文件格式，能够支持所有的图像模式（如位图、灰度、双色调、索引颜色、RGB、CMYK、Lab 和多通道等），并可以保存图像中的辅助线、Alpha 通道和图层，从而为再次调整、修改图像提供了可能。

PSB 属于大型文件格式，除具有 PSD 文件格式的所有属性外，最大的特点就是支持宽度或高度最大为 300 000 像素的文件。

需要注意的是，如果文件存储为 PSB 格式，那么只能在 Photoshop CC 以上版本中打开。

（2）JPEG 格式

JPEG 格式是互联网上较为常用的图像文件格式之一。JPEG 格式支持 CMYK、RGB 和灰度颜色模式，并可以保存图像中的路径，但无法保存 Alpha 通道。

此类文件格式的最大优点是能够大幅度地降低文件容量，但由于降低文件容量是通过有选择地删除图像数据来进行的，因此图像质量有一定的损失。在将图像文件保存为 JPEG 格式时，可以选择压缩的级别，级别越高得到的图像质量越高，文件的容量也就越大。

（3）TIFF 格式

TIFF 格式的图像用于在不同的应用程序和不同的计算机平台之间交换。换言之，使用这种格式保存的图像可以在 PC、Mac 等不同的操作平台上打开，而且不会有区别。

除此之外，TIFF 是一种通用的位图图像文件格式，几乎所有的绘画、图像编辑和页面排版软件均支持这种文件格式。TIFF 格式支持具有 Alpha 通道的 CMYK、RGB、Lab、索引颜色、灰度图像，以及无 Alpha 通道的位图模式图像。

TIFF 格式能够保存通道、图层、路径。从这一点来看，TIFF 格式似乎与 PSD 格式没有什么区别，但如果在其他应用软件中打开 TIFF 格式所保存的图像，则所有图层将被拼合。换言之，只有使用 Photoshop 打开 TIFF 格式的图像，才能够修改其中的图层。

（4）GIF 格式

GIF 格式使用 8 位颜色并可以在保留图像细节（如艺术线条、徽标或带文字的插图等）的同时有效地压缩图像实色区域。因为 GIF 格式的文件只有 256 种颜色，所以将原 24 位图像文件转换为 8 位的 GIF 格式时会丢失颜色信息。

GIF 格式的最大特点是能够创建具有动画效果的图像。在 Flash 尚未出现之前，GIF 格式是互联网上动画文件的霸主，几乎所有的动画图像均需要保存为 GIF 格式。

除此之外，GIF 格式支持背景透明，因此如果需要在设置网页时使图像更好地与背景相融合，就需要将图像保存为 GIF 格式。

（5）PNG-8/PNG-24 格式

与 GIF 格式一样，PNG-8 格式可在保留图像细节的同时有效地压缩实色区域。但 PNG-8 格式的图像文件使用了比 GIF 格式更高级的压缩方案，因此使用 PNG-8 格式保存同一图像时，文件容量比 GIF 格式的文件容量小 10%～30%。

与 PNG-8 格式类似的是 PNG-24 格式，该格式支持 24 位颜色。与 JPEG 格式一样，PNG-24 格式可保留照片中存在的亮度和色相的显著与细微变化。PNG-24 格式与 PNG-8 格式均使用相同的无损压缩方法。

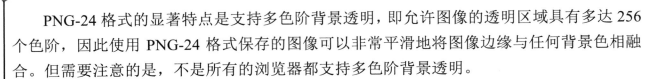
PNG-24 格式的显著特点是支持多色阶背景透明，即允许图像的透明区域具有多达 256 个色阶，因此使用 PNG-24 格式保存的图像可以非常平滑地将图像边缘与任何背景色相融合。但需要注意的是，不是所有的浏览器都支持多色阶背景透明。

（6）BMP 格式

BMP 是 Windows 操作系统中的标准图像格式。BMP 格式支持 RGB、索引颜色、灰度和位图颜色模式，但不能保存 Alpha 通道。

（7）EPS 格式

EPS 格式可以同时包含矢量图形和位图图像，并且几乎所有的图形、图表和页面排版软件都支持该格式。EPS 格式用于在应用软件之间传递用 PostScript 语言所编译的图片，当在 Photoshop 中打开包含矢量图形的 EPS 文件时，Photoshop 会将矢量图形转换为位图图像。

EPS 格式支持 Lab、CMYK、RGB、索引颜色、双色调、灰度和位图颜色模式，但无法保存 Alpha 通道。

（8）PDF 格式

PDF 格式是一种灵活的跨平台、跨应用软件的文件格式，能够精确地显示并保留字体、页面版式、矢量图形和位图图像。另外，PDF 格式可以包含电子文件搜索和导航功能（如电子链接等）。

由于具有良好的传输和文件信息保留功能，因此 PDF 已经成为无纸化办公的首选文件格式。如果使用 Acrobat 等软件对 PDF 格式的文件进行注释和标记等编辑，则对异地协同作业非常有帮助。

2．Photoshop 的基本操作

打开图像文件、创建图像文件、保存图像文件和退出是 Photoshop 的基础操作，这里将介绍在 Photoshop 中如何执行这些操作。

（1）打开图像文件

选择"文件"→"打开"命令（或按 Ctrl+O 组合键），将打开如图 0-2 所示的"打开"对话框。在此对话框中可以选择打开一个已存在的文件。Photoshop 支持的可打开的图像格式非常多，在"打开"对话框的"文件类型"下拉列表中可以选择。

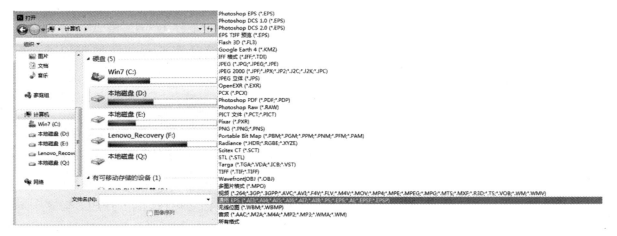

图 0-2

（2）创建图像文件

选择"文件"→"新建"命令（或按 Ctrl+N 组合键），将打开如图 0-3 所示的"新建"对话框。在此对话框中可以设置新文件的必要选项。如果需要创建的文件尺寸属于常见的尺寸，则可以在"新建"对话框的"预设"下拉列表中选择相应的选项。

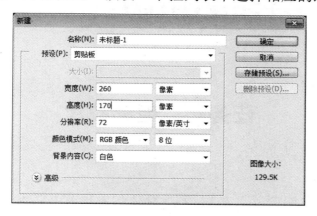

图 0-3

（3）保存图像文件

在实际工作中，新建的图像文件或更改后的图像文件需要保存，以便在以后的工作中输出或编辑。选择"文件"→"存储"命令（或按 Ctrl+S 组合键），可以保存对当前文件所进行的更改，或者以某种格式保存为一个新文件；选择"文件"→"存储为"命令，可以在不同的路径下保存图像或以不同的文件名、格式和选项设置保存图像。

（4）退出 Photoshop

保存文件之后可以选择"文件"→"退出"命令（或按 Ctrl+Q 组合键）退出 Photoshop。

证 书 相 关

在线测试

1．下面的文件格式不能在 Photoshop 中直接输出的是（　　　）。

A．PSD　　　　　　B．JPEG　　　　　　C．PDF　　　　　　D．DOC

2．下面哪个选项不是 JPEG 格式支持的？（　　　）

A．CMYK　　　　　B．RGB　　　　　C．灰度颜色模式　　　D．透明度

3．Alpha 通道的主要用途是（　　　）。

A．保存图像的色彩信息　　　　　B．创建新通道

C．用来存储和建立选择范围　　　D．调节图像的不透明度

4．下列哪个选项是 Photoshop 图像最基本的组成单元？（　　　）

A．节点　　　　　B．色彩空间　　　　C．像素　　　　　D．路径

5．Photoshop 中的图像必须是何种模式，才可以转换为位图模式？（　　　）

A．RGB　　　　　B．索引颜色　　　　C．灰度　　　　　D．多通道

模块一

闪动的蚂蚁线——选区

任务一　电影胶片

任务引入

周末小商和校校去电影制片厂参观，参观后他们发现最早的电影是通过胶片拍出来的，于是对胶片产生了浓厚的兴趣。

图 1-1 就是小商和校校根据参观后的记忆利用 Photoshop 绘制出的胶片效果图。同学们，你们看胶片是由哪些基本图形组成的呢？

图 1-1

任务分析

1. 胶片由哪些图形组成？

2. 胶片有什么颜色？

实现过程

1）选择"文件"→"新建"命令。

2）在"新建"对话框中为文件起名"电影胶片+姓名"。

3）在"宽度"文本框中输入 600，单位为"像素"；在"高度"文本框中输入 200，单位为"像素"。"分辨率"默认设置为 72 像素/英寸。设置完后单击"确定"按钮。

4）按 Alt+Delete 组合键，填充前景色。

5）选择工具箱中的矩形选框工具 ▣，在工具选项栏中设置宽度为 20 像素、高度为 20 像素，在画布的左上方绘制正方形，如图 1-2 所示。

技巧与提示

在绘制矩形选框的同时按住键盘上的 Shift 键，可以得到正方形。

6）按 Alt+Delete 组合键，填充前景色，如图 1-3 所示。

图 1-2

图 1-3

7）按键盘上的右方向键 20 次，此时第 2 个矩形框与第 1 个矩形框之间有了一定的间距。然后重复第 6）步。

现在已经有了两个大小相同的白色正方形，那么该如何得到其他同样大小的白色正方形呢？同学们可以根据上述方法进行绘制。

8）选择工具箱中的矩形选框工具，在画布的左边绘制一个长方形选区并填充，如图 1-4 所示。

图 1-4

9）同学们动脑筋想一想，运用所学的知识完成如图 1-5 所示的效果绘制。

图 1-5

技巧与提示

按 Alt+Delete 组合键可以填充前景色，按 Alt+Backspace 组合键也可以填充前景色。

按 Ctrl+Delete 组合键可以填充背景色。

10）选择工具箱中的矩形选框工具，绘制出一个长方形的选区，如图 1-6 所示。

图 1-6

11）选择"编辑"→"拷贝"命令复制该选区，再次选择"编辑"→"粘贴"命令将该选区粘贴到画布中。

12）选择工具箱中的移动工具，将复制出的图形移动至大矩形下方，如图 1-7 所示。

图 1-7

答疑解惑

一、选区

选区是整个 Photoshop 的重点。顾名思义，选区就是选择的区域。

本模块主要介绍了 3 种可以建立选区的工具：选框工具（M）、魔棒工具（W）和套索工具（L）。

选区作为一个非实体对象，可以对其进行运算。当选择选区工具后，可以在工具选项栏中单击如图 1-8 所示的按钮，分别为新选区、添加新选区、从选区减去和与选区交叉。

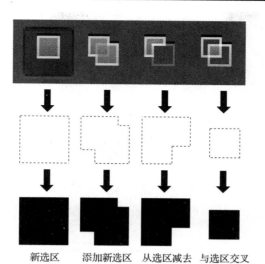

图 1-8

二、羽化

在工具选项栏的"羽化"文本框中输入相关数值，可以设置选区的羽化程度。对被羽化的选区填充颜色或图案后，在"羽化"文本框中输入的数值越大，柔和效果越明显，如图 1-9 所示。

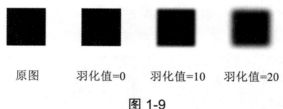

原图　　羽化值=0　　羽化值=10　　羽化值=20

图 1-9

 技巧与提示

在移动选区时，如果按住 Shift 键，则选区可沿水平、垂直或 45°的方向进行移动；如果按 Shift+方向键，则选区可以每次移动 10 个像素的距离；如果在按住 Ctrl 键的同时用鼠标拖动选区，则可以移动选区内的图像；如果只按键盘上的 4 个方向键，则每按一次选区将移动 1 个像素。

任务二　青蛙闹钟

任务引入

校校喜欢熬夜，小商叫她"夜猫子"——晚上不睡，早上不起。这可不是个好习惯，于是小商给校校买了一个闹钟，让闹钟每天叫她起床。校校看着可爱的青蛙闹钟，高兴极了。青蛙闹钟如图 1-10 所示。

图 1-10

技巧与提示

单击工具箱中的"设置前景色"按钮可以为前景色设置任意颜色。

10

任务分析

1．青蛙闹钟由哪些基本图形组成？

2．青蛙闹钟有哪些颜色？

3．矩形选框工具右下角有个小三角按钮，它有什么作用呢？（使用鼠标左键按住矩形选框工具，会弹出辅助扩展工具，其中共有 4 个扩展工具，如图 1-11 所示。本例中只用到矩形选框工具和椭圆选框工具。）

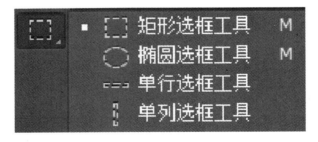

图 1-11

实现过程

1）选择"文件"→"新建"命令。

2）在"新建"对话框中为文件起名"闹钟+姓名"。

3）在"宽度"文本框中输入 600，单位为"像素"；在"高度"文本框中输入 600，单位为"像素"。"分辨率"默认设置为 72 像素/英寸。设置完成后单击"确定"按钮。

4）单击工具箱中的"设置前景色"按钮，打开"拾色器（前景色）"对话框。将前景色设置为绿色，如图 1-12 所示。

5）使用椭圆选框工具在画布中间绘制一个正圆，作为闹钟的主体，如图 1-13 所示。

6）在正圆内填充刚才设置好的前景色，或者按 Alt+Delete 组合键填充前景色，如图 1-14 所示。

7）选择椭圆选框工具，并单击工具选项栏中的"添加新选区"按钮，绘制如图 1-15 所示的选区。

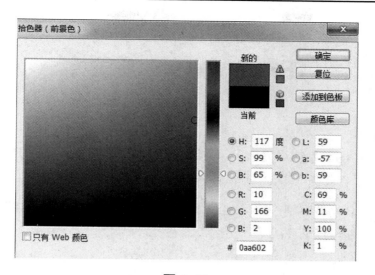

图 1-12

8）如何向新绘制的选区内部填充颜色呢？如何移动选区？同学们可以根据前面所介绍的选区及背景填充的知识进行操作。

9）与之前的操作一样绘制出如图 1-16 所示的图形。

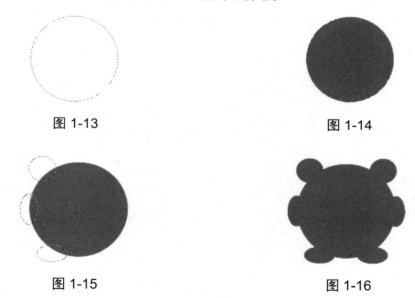

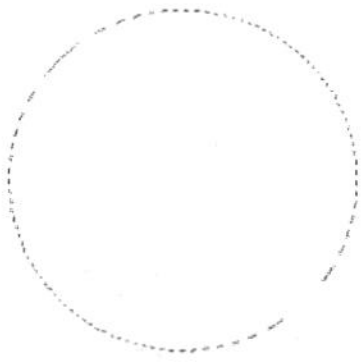

图 1-13

图 1-14

图 1-15

图 1-16

10）用之前所学习的知识绘制出如图 1-17 所示的图形，并完成如图 1-18 所示的最终效果绘制。

图 1-17

图 1-18

任务三 仙女的魔法棒

任务引入

小商和校校去电影院看动画片。这个动画片讲述了一个幼年丧母、童年丧父的可怜姑娘，舅舅、舅妈霸占了本属于她的家并将她送到孤儿院的故事。

校校说："这口气，我可咽不下去，明明是鸠占鹊巢，还要把小姑娘撵出家门。"

小商说："但是小姑娘仍然坚定、勇敢、善良，心中没有怨恨，而且积极、乐观地生活，并帮助了身边的朋友，最后感动了舅舅、舅妈，还得到了仙女的帮助。"我们现在也来当一回魔法师，使用 Photoshop 施展魔法，给这个善良的小姑娘制作一件漂亮的新衣吧！

任务分析

如何将小姑娘绿色的上衣换成蓝色，即将如图 1-19 所示的上衣颜色换成如图 1-20 所示的颜色？（提示：衣服大面积的颜色一致，因此可以基于颜色的内容建立选区，然后再替换颜色。）

图 1-19   图 1-20

实现过程

1）选择"文件"→"打开"命令，导入小姑娘图片。

2）选择工具箱中的魔棒工具 ，取消选中工具选项栏中的"连续"复选框，然后单击小姑娘上衣绿色的部分。这时会发现，所有绿色的区域全部被选中，如图 1-21 所示。

3）单击"设置前景色"按钮 ，打开"拾色器（前景色）"对话框，将颜色设置为蓝色，如图 1-22 所示。

4）按 Alt+Delete 组合键，对选区填充颜色。这时小姑娘上衣绿色部分都变成了蓝色。

5）小姑娘的围脖和帽绳部分现在还不是蓝色的，请同学们动脑筋想一想，如何让小姑娘穿上全部都是蓝色的上衣？

图 1-21

图 1-22

 答疑解惑

魔棒工具

魔棒工具是根据相邻像素颜色的相似程度来确定选择区域的一种选取工具。它主要有以下两个选项。

① 容差：该文本框用来控制 Photoshop 所能选择的颜色范围。

② 连续：该复选框用来控制选择图像颜色的时候是只能选择一个区域中的颜色还是可以跨区域进行选择。图 1-23 是选中"连续"复选框的效果，只能选择一部分绿色区域；图 1-24 是取消选中"连续"复选框的效果，可以选择图像中其他不连续的绿色区域。

图 1-23

图 1-24

14

任务四　神奇娃娃机

任务引入

小商和校校去游乐场玩的时候，校校相中了娃娃机里的玩偶，抓了好多次都失败了。她对小商说："如果我能有个像西部牛仔那样的绳索该多好呀，相中哪个就可以套哪个！"小商说："这好办，我帮你套几只漂亮的娃娃吧！"

任务分析

1．图 1-25 和图 1-26 有什么相同点？

2．图 1-27 与图 1-25 和图 1-26 有什么区别？

图 1-25

图 1-26

图 1-27

答疑解惑

套索工具

套索工具是利用鼠标自由选择选区的工具。在选区的起点按住鼠标左键，并自由拖动到结束点，即可完成对区域的选择。在图 1-25、图 1-26 和图 1-27 中都可以使用套索工具完成对区域的选择。在对这 3 张图进行区域选择时，首先应了解套索工具的 3 种辅助扩展工具的使用。

为了使用这些辅助扩展工具，可以将鼠标指针移动到工具箱中的套索工具上，按住鼠标左键不放，将会出现套索工具、多边形套索工具和磁性套索工具。

① 套索工具：可以随意选择选区。

② 多边形套索工具：以直线形式选择选区，一般应用于对多边形图片的选择。

③ 磁性套索工具：可以如磁铁般自动吸附色调差别比较大的边界线，对图片区域进行选择。

这 3 种套索工具的用途和使用方法如表 1-1 所示。

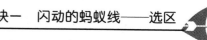

表 1-1　套索工具、多边形套索工具和磁性套索工具的用途和使用方法

名　称	工具图标	用　途	使用方法
套索工具		用于选择形状不规则的选区	在选区的起点按住鼠标左键，并自由拖动到结束点，即可完成对区域的选择
多边形套索工具		用于选择具有一定规则的选区，如用来选择边缘规则的几何图形	在选区的起点单击，然后陆续单击绘制其他折点来确定每一条折线的位置，当绘制到与起点相邻的最后一个折点时双击，选区就会自动形成一个封闭区域
磁性套索工具		用于选择边缘比较清晰且与背景颜色相差比较大的图片的选区。它有一个非常明显的特点，就是具有磁性，使用磁性套索工具选择具有非常明显边缘的图形时，会自动吸附在图形边缘上	在选区的起点单击，然后沿着图形的边缘拖动，选区边缘会自动吸附在图形边缘上。当回到起点时，鼠标指针旁会出现一个小圆圈，表示选区可闭合，这时单击即可完成操作

技巧与提示

使用多边形套索工具和磁性套索工具选择选区的过程中，如果对某一点不满意，可以按 Delete 键删除该点，而按 Esc 键将取消本次选区的选择。

通过以上介绍的 3 种套索工具，你认为图 1-25、图 1-26 与图 1-27 这 3 张图片分别应该使用哪一种套索工具进行选择呢？动手试一下吧！

技巧与提示

套索工具和多边形套索工具的切换方法：在使用其中一种工具的过程中，按住 Alt 键，可以切换到另一种工具；套索工具切换到多边形套索工具后要返回套索工具，一定要先按住鼠标左键再松开 Alt 键，这样才可以继续绘制选区，否则选区将闭合。

磁性套索工具切换到另外两种套索工具的方法：先按住 Alt 键，再将操作方式改为套索工具或多边形套索工具即可。

举一反三

一、制作精彩点线（见图 1-28）

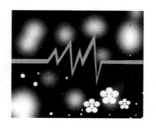

图 1-28

操作视频

Photoshop 基础实用教程（第 2 版）

步骤分析图（见图 **1-29** 至图 **1-31**）

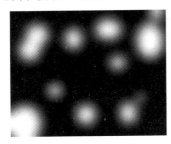 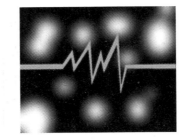 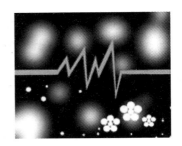

图 1-29　　　　　　　　图 1-30　　　　　　　　图 1-31

知识点提示

使用前景色填充（Alt+Delete 组合键）、背景色填充（Ctrl+Delete 组合键）、椭圆选框工具、多边形套索工具和"羽化"命令（Shift+F6 组合键）。

二、制作猫咪（见图 1-32）

操作视频

图 1-32

步骤分析图（见图 **1-33** 至 **1-36**）

图 1-33　　　　　图 1-34　　　　　图 1-35　　　　　图 1-36

知识点提示

使用前景色填充（Alt+Delete 组合键）、背景色填充（Ctrl+Delete 组合键）、椭圆选框工具（M）。

三、制作彩虹伞（见图 1-37）

操作视频

图 1-37

步骤分析图（见图 **1-38** 至图 **1-41**）

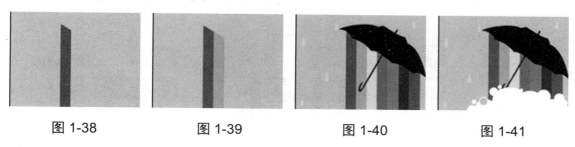

| 图 1-38 | 图 1-39 | 图 1-40 | 图 1-41 |

知识点提示

使用前景色填充（Alt+Delete 组合键）、背景色填充（Ctrl+Delete 组合键）、多边形套索工具、移动工具和椭圆选框工具。

四、制作"环保树"（见图 1-42）

操作视频

操作视频

图 1-42

步骤分析图（见图 **1-43** 至图 **1-51**）

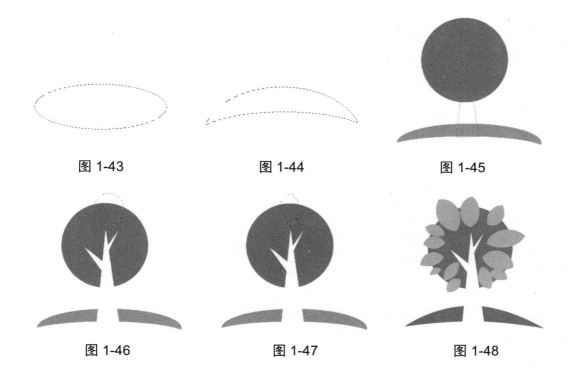

| 图 1-43 | 图 1-44 | 图 1-45 |

| 图 1-46 | 图 1-47 | 图 1-48 |

图 1-49　　　　　　　图 1-50　　　　　　　图 1-51

知识点提示

使用前景色填充（Alt+Delete 组合键）、背景色填充（Ctrl+Delete 组合键）、椭圆选框工具、多边形套索工具和矩形选框工具。

18

课堂反馈

- 新建文件时，一定要注意先设置文件大小的单位，再设置具体数值。
- 在 Photoshop 中选区非常重要，没有正确、有效地选择区域就无法得到最终所需要的效果。
- 大家一定要通过上机练习更好地理解并掌握不同选区工具之间的区别，自如地运用选区工具对图像中需要编辑的地方进行选择，从而完成对图像局部进行编辑、修改及合成图像的操作。

证书相关

在线测试

1．在 Photoshop 中，矩形选区在放大后发现没有与卡片轮廓精准重合，可在工具选项栏中选择（　　）、添加新选区、从选区减去、与选区交叉这几个按钮之一，通过增加或减少选择范围的方式反复调整选区范围。

A．新选区　　　　　B．原有选区　　　　　C．矩形选区　　　　　D．椭圆选区

2．在使用椭圆选框工具绘制圆形选区时，在按住（　　）键的同时拖动鼠标可实现正圆形选区的创建。

A．Shift　　　　　B．空格　　　　　C．Alt　　　　　D．Ctrl

3．魔棒工具和磁性套索工具的工作原理都是（　　）。

A．根据取样点的颜色像素来选择图像

B．根据取样点的生成频率来选择图像

C．设定取样点，一次性选取与取样点颜色相同的图像

D．根据容差值来控制选取范围，取值范围为 0～255

4．在 Photoshop 中使用矩形选框工具时，按住（　　）可以创建一个以落点为中心的

正方形的选区。

　　A．Ctrl+Alt 组合键　　　　　　　B．Ctrl+Shift 组合键

　　C．Alt+Shift 组合键　　　　　　　D．Shift 键

5．在 Photoshop 中填充前景色的组合键是（　　　）。

　　A．Alt+A　　　　　　　　　　　B．Alt+Delete

　　C．Alt+Backspace　　　　　　　　D．Alt+C

6．判断：Photoshop 中决定魔棒工具灵敏度的选项是工具选项栏中的像素。（　　　）

课　堂　笔　记

课堂内容	知识掌握情况	需要帮助的地方
矩形选框工具		
椭圆选框工具		
魔棒工具		
套索工具		
多边形套索工具		
磁性套索工具		
吸管工具		
你还掌握了哪些知识？		

给你点颜色看看——
图像调整

任务一 拯救白雪公主

任务引入

皇后有一面大镜子，她每天都问镜子："魔镜啊，魔镜，谁是世界上最漂亮的女人？"魔镜告诉她白雪公主是世界上最漂亮的女人。于是皇后很生气，就让她身边的保镖把白雪公主骗到树林中杀死，可是保镖看到白雪公主如此美丽又善良，不忍心下手，就让白雪公主赶紧逃走，不要再回来。几天后皇后又问镜子："魔镜啊，魔镜，谁是世界上最漂亮的女人？"魔镜还是说白雪公主最漂亮。皇后更加生气，她决定自己去找白雪公主，就找到了小商和校校来做一篮子红色与绿色的毒苹果。

小商和校校商量，如果想办法把没有毒的苹果涂成一半红色和一半绿色，就可以救下白雪公主了。

大家想一想，如何用 Photoshop 改变苹果的颜色呢？

任务分析

1. 改变苹果的颜色首先想到用哪一个工具呢？
2. 怎样才能得到自己想要的颜色呢？

实现过程

1）选择"文件"→"打开"命令，导入苹果的图片，如图 2-1 所示。
2）选择"图像"→"调整"→"色相/饱和度"命令，如图 2-2 所示。

图 2-1

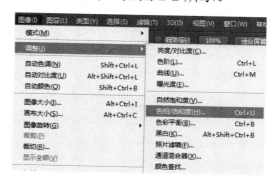

图 2-2

3）打开"色相/饱和度"对话框，如图 2-3 所示。按照图 2-4 所示设置各选项的数值就可以将苹果的颜色调成绿色，如图 2-5 所示。

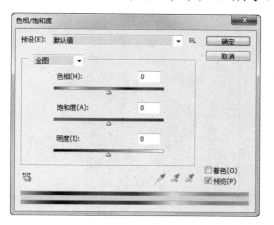

图 2-3

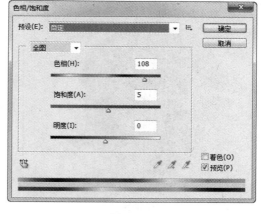

图 2-4

 技巧与提示

拖动图 2-3 中各选项下的三角形滑块，可以快速调整并预览颜色。

4）同学们动脑筋想一想，如何将苹果调成其他颜色呢？（见图 2-6 和图 2-7）。

图 2-5

图 2-6

5）如果把一个苹果变成一半绿色、一半红色（见图 2-8），该如何操作呢？

图 2-7

图 2-8

6）如果想将一半苹果改变颜色，则要先建立选区。接下来与之前的操作步骤一样就可以了，如图 2-9 和图 2-10 所示。

图 2-9

图 2-10

答疑解惑

色相、饱和度和明度是颜色的三要素。

① 色相是颜色的首要特征，是区别各种不同颜色最明显的标准。其中，红、黄、蓝为三原色；两两搭配出来的橙、绿、紫为间色；三间色再调配，则为复色。

② 饱和度是指颜色的纯度或鲜艳程度。越鲜艳的颜色通常被认为越饱和。

③ 明度是指颜色的明暗程度。不同色相有不同的明度，即使同一种色相，其明度也会不同。

任务二　承载记忆的光盘

任务引入

白雪公主逃出了皇后的魔掌后，与王子过上了幸福的生活。可是，白雪公主依旧担心皇后会再次找到她，自己的幸福生活会突然消失。于是，白雪公主找到小商和校校帮忙，小商和校校决定发明一张光盘，可以帮助白雪公主记录现在生活的幸福瞬间。

下面让我们来看一看小商和校校是怎么制作出承载记忆的光盘的吧！光盘如图 2-11 所示。

图 2-11

技巧与提示

"渐变编辑器"对话框中有多种预设渐变，可以选择某种预设渐变后再进行"类型"和"平滑度"等修改。

任务分析

1．如何利用椭圆选框工具绘制一个正圆？

2．如何将这么多的圆形进行中心对齐？

3．渐变工具右下角有个小三角，它有什么作用呢？（使用鼠标左键按住渐变工具，会弹出辅助拓展工具，其中有 3 个拓展工具，如图 2-12 所示。本例中要用到渐变工具。）

图 2-12

实现过程

1）选择"文件"→"新建"命令。

2）在"新建"对话框中为文件起名"承载记忆的光盘+姓名"。

3）在"宽度"文本框中输入 21，单位为"厘米"；在"高度"文本框中输入 21，单位为"厘米"；"分辨率"默认设置为 96 像素/英寸。设置完后单击"确定"按钮。

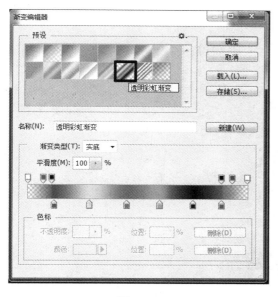

图 2-13

4）将前景色设置为"黑色"，选择矩形选框工具，框选整个画布，按 Alt+Delete 组合键填充前景色。

5）新建图层后选择椭圆选框工具，按住 Shift 键同时拖动鼠标，绘制一个正圆。选择渐变工具，在渐变编辑器"对话框中选择"透明彩虹渐变"（见图 2-13），单击"角度渐变"按钮（见图 2-14），在圆形的中心向边缘绘制渐变效果。

6）如何在光盘边缘绘制出描边效果，使光盘看起来更加真实呢？可以复制圆形图层，填充前景色为黑色，按 Ctrl+T 组合键→按住 Shift 键变换圆形放大至 1 厘米。单击"添加图层样式" fx 中的"描边"，设置宽度为"1 像素"，颜色为白色。完成描边后的效果如图 2-15 所示。

图 2-14

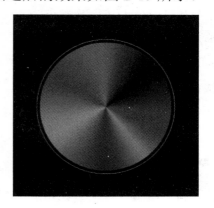

图 2-15

23

7）使用所学知识绘制出如图 2-16 所示的图形，并完成如图 2-17 所示的最终效果绘制。

图 2-16

图 2-17

 答疑解惑

渐变工具中的渐变类型分为以下 5 种。使用时单击所需渐变类型对应的按钮，在图像中绘制即可。

① 线性渐变：从起点到终点直线渐变。

② 径向渐变：从起点到终点以圆形图案渐变。

③ 角度渐变：围绕起点以逆时针方向环绕渐变。

④ 对称渐变：在起点两侧产生对称直线渐变。

⑤ 菱形渐变：从起点到终点以菱形图案渐变。

任务三　魔法自然

任务引入

多年后的一天，7 个小矮人来看望白雪公主，并拿出了一张她家乡的照片，照片中天空黯淡无光、海水浑浊、草木枯黄。原来人们的铺张浪费致使环境污染，许多动植物无法存活，大自然已经了无生机。白雪公主看到自己的家乡变成这个样子，悲痛万分，于是找小商和校校来帮忙。一场拯救大自然的行动开始了！

下面让我们来看一看小商和校校是怎么让大自然恢复往日风采的吧！

技巧与提示

通过调整"色相/饱和度"（Ctrl+U 组合键）和调整"色彩平衡"（Ctrl+B 组合键），既可以调整单一颜色的色相、饱和度和明度，也可以同时调整图像中所有颜色的色相、饱和度和明度。

图 2-18

任务分析

1. 如何只调整图 2-18 中树木的颜色？

2. "色相/饱和度"对话框中有个"编辑"下拉列表框，它有什么作用呢？是不是可以利用其中的选项来进行单一颜色的调整呢？

实现过程

1）选择"文件"→"打开"命令，导入如图 2-18 所示的图片。

2）打开"色相/饱和度"对话框中的"编辑"下拉列表，选择"青色"选项，调整饱和度为+73，如图 2-19 所示。

3）在"编辑"下拉列表中，选择"黄色"选项，调整色相为+40，如图 2-20 所示。

4）在"编辑"下拉列表中，选择"全图"选项，调整饱和度为+49，如图 2-21 所示。设置完成后的效果如图 2-22 所示。

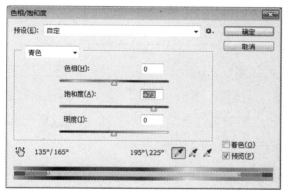

图 2-19

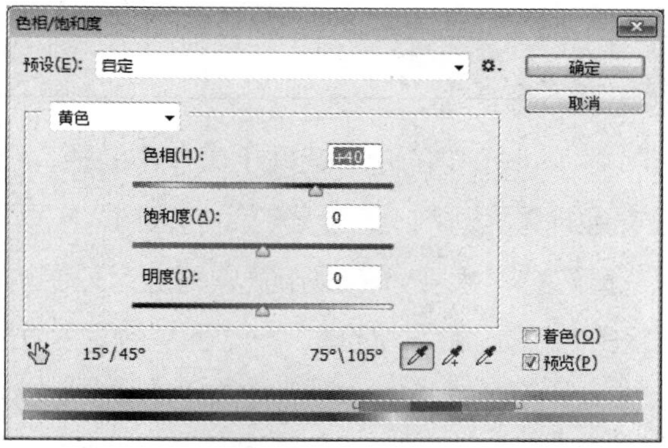

图 2-20

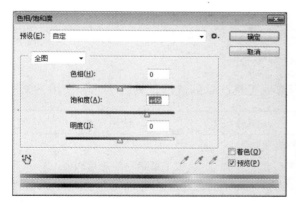

图 2-21

图 2-22

5）如何将画面中树木的黄色去掉，增加绿色，以体现大自然生机勃勃的样子呢？可以使用"色彩平衡"对话框，在"色阶"文本框中填入相应数值，达到增加或减少颜色的效果，如图 2-33 所示。最终效果如图 2-24 所示。

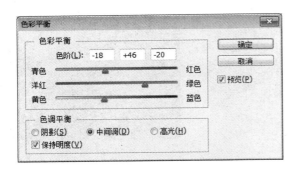

图 2-23

图 2-24

 答疑解惑

"色彩平衡"对话框中的"色调平衡"选项组包括"阴影""中间调""高光"3 个单选按钮，可选择一个色调范围来进行调整，从而保持图像的色调平衡。

技巧与提示

Photoshop中的矩形选框工具非常重要，它在选区建立、填充及抠图方面都有非常大的作用。现在先明确两个概念：选区是封闭的区域，它可以是任何形状，但一定是封闭的，不存在开放选区。选区一旦建立，大部分的操作就只对选区范围内有效；如果要对全图操作，则必须先取消选区。取消选区的方法是执行"选择"→"取消选择"命令或按 Ctrl+D组合键。

Photoshop中的选区大部分是靠选区工具来实现的。选区工具有 8 个，集中在工具栏上部，分别是矩形选框工具、椭圆选框工具、单行选框工具、单列选框工具、套索工具、多边形套索工具、磁性套索工具、魔棒工具，其中前 4 个属于规则选区工具。

矩形选框工具、椭圆选框工具、单行选框工具、单列选框工具的用途和使用方法如表 2-1 所示。

表 2-1 矩形选框工具、椭圆选框工具、单行选框工具、单列选框工具的用途和使用方法

名 称	工具图标	用 途	使用方法
矩形选框工具		用于建立矩形选区。在图像中拖动鼠标画出一块矩形区域，松开鼠标按键后会看到区域四周有流动的虚线，虚线之内的区域就是选区。在选取过程中如果按下 Esc 键，将取消本次选区操作	① 单击工具箱中的矩形选框工具，下拉选择矩形选框工具；或者按快捷键 M 调用。 ② 按住 Shift 键不放，可以建立正方形选区
椭圆选框工具		用于建立椭圆形、圆形选区。在选取过程中如果按下 Esc 键，将取消本次选区操作	① 单击工具箱中的矩形选框工具，下拉选择椭圆选框工具；或者按 Shift+M 组合键，直接进行矩形选框工具和椭圆选框工具的切换。 ② 按住 Shift 键不放，可以建立正圆形选区。 ③ 按住 Alt 键的同时拖动鼠标，则以鼠标起始点为中心画出椭圆形选区

（续表）

名　称	工具图标	用　途	使用方法
单行选框工具	 	用于建立单行选区。单击则自动在图层上创建一个像素高的选区。在选取过程中如果按下 Esc 键，将取消本次选区操作	对于单行选框工具，要在选择的区域旁边点按，然后将选框拖动到确切位置。如果看不见选框，则增加图像视图的放大倍数
单列选框工具	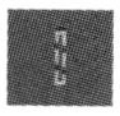	用于建立单列选区。单击则自动在图层上创建一个像素宽的选区。在选取过程中如果按下 Esc 键，将取消本次选区操作	对于单列选框工具，要在选择的区域旁边点按，然后将选框拖动到确切位置。如果看不见选框，则增加图像视图的放大倍数

举一反三

一、为鲸象标志填充颜色（见图 2-25）

操作视频

图 2-25

步骤分析图（见图 **2-26** 至图 **2-29**）

图 2-26

图 2-27

图 2-28

图 2-29

技巧与提示

调整色相和饱和度时要选中"着色"复选框。

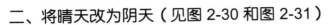知识点提示

建立选区后调整局部颜色、色相/饱和度（Ctrl+U 组合键），使用魔棒工具。

操作视频

二、将晴天改为阴天（见图 2-30 和图 2-31）

图 2-30

图 2-31

知识点提示

曲线（Ctrl+M 组合键）、色相/饱和度（Ctrl+U 组合键）和色阶（Ctrl+L 组合键）。

三、使图片颜色更鲜艳（见图 2-32）

图 2-32

操作视频

步骤分析图（见图 **2-33**）

图 2-33

四、改变标志配色（见图 2-34）

操作视频

图 2-34

步骤分析图（见图 **2-35** 和图 **2-36**）

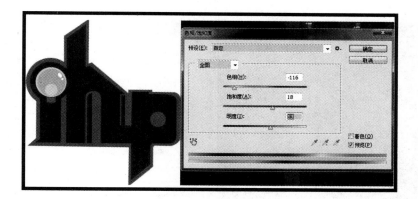

图 2-35

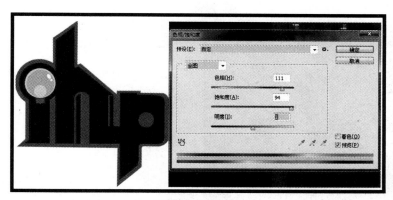

图 2-36

五、调整图片颜色（见图 2-37）

操作视频

图 2-37

步骤分析图（见图 **2-38** 至图 **2-42**）

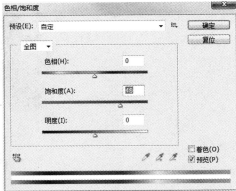

图 2-38

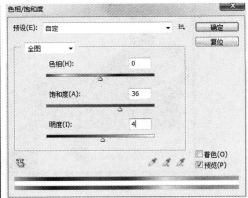

图 2-39

图 2-40

图 2-41

知识点提示

通过快速选择（快捷键 Q）载入选区，利用"色相/饱和度"对话框（Ctrl+U 组合键）进行调节。

- 曲线、亮度和对比度用来调整画面中的明暗对比度。
- 色相/饱和度、色彩平衡用来调整画面中的颜色显示。
- 色阶可以补充画面中暗调和明调的区域。

在线测试

1．在 Photoshop 中通过曲线可以调整图像的（ ）。

A．色相 B．饱和度 C．明暗对比度 D．色彩平衡

2．调整色相/饱和度的组合键是（ ）。

A．Ctrl+L B．Ctrl+B C．Ctrl+U D．Ctrl+M

3．可以单独选择一种颜色进行重新编辑的工具是（ ）。

A．色彩平衡 B．色相/饱和度 C．色阶 D．曲线

4．在 Photoshop 中可以增加/减少颜色的工具是（ ）。

A．色相/饱和度 B．色彩平衡 C．色调平衡 D．色阶

5．渐变工具中可以达到从起点到终点以圆形图案渐变效果的类型属于（ ）。

A．线性渐变 B．径向渐变 C．角度渐变 D．对称渐变

6．判断：Photoshop 中的"色相/饱和度"命令只能对彩色进行编辑。（ ）

课 堂 笔 记

课堂内容	知识掌握情况	需要帮助的地方
油漆桶		
色相/饱和度		
色彩平衡		
曲线		
色阶		
渐变工具		
你还掌握了哪些知识？		

（续表）

（续表）

模块三

神奇的透明画布——图层

任务一 端午安康

任务引入

小商接到一个制作节日海报的任务，他发现 Photoshop 的图层就如同堆叠在一起的透明纸张，通过图层的透明区域可以看到下面图层的内容——既可以通过图层移动来调整图层内容，也可以通过更改图层的不透明度使图层内容变透明。他对图层产生了浓厚的兴趣。

小商看到面板中有很多层次，它们是透明形式的，如图 3-1 所示。他感到很困惑，你能为他解答吗？

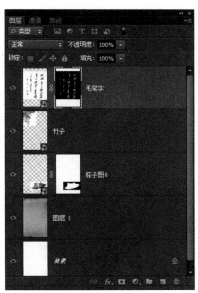

图 3-1

任务分析

1. "图层"面板是什么？

2. 怎样进行图层的基本操作？

实现过程

"图层"面板

下面对"图层"面板中各选项的含义和应用进行介绍，如图 3-2 所示。

图 3-2

① 图层混合模式：用来设置图层的混合模式，使之与下面的图像产生混合效果。

② 锁定：用来设置图像锁定的范围，包括"锁定透明像素"按钮、"锁定图像像素"按钮、"锁定位置"按钮、"防止在画板内外自动嵌套"按钮和"锁定全部"按钮。

③ 不透明度：设置图层整体的不透明度。

④ 填充：设置图层的内部图像的不透明度。

⑤ 指示图层可见性：单击眼睛图标显示或隐藏图层。

⑥ 图层缩览图：用于显示图层缩览效果，在图层未锁定状态下双击缩览图将打开"图层样式"对话框。单击选择该图层；双击图层名称可以重命名。

⑦ 链接图层：选择两个或两个以上的图层，单击该按钮可以链接图层，链接的图层可同时进行各种变换操作。

⑧ 添加图层样式：单击该按钮，在弹出的列表中选择图层样式。

⑨ 添加图层蒙版：单击该按钮，可以为选定的图层添加图层蒙版。

⑩ 创建新的填充或调整图层：单击该按钮，在弹出的列表中可以为图像创建填充或调整图层。

⑪ 创建新组：单击该按钮可以创建新的图层组。

⑫ 创建新图层：单击该按钮可以创建一个新的空白图层。

⑬ 删除图层：选择图层或图层组，单击该按钮可删除图层或图层组。

创建新图层

空白图层是最普通的图层，在处理或编辑图像时经常要建立空白图层。在"图层"面板中，单击底部的"创建新图层"按钮，将创建一个空白图层。

 技巧与提示

选择"图层"→"新建"→"图层"命令（或按 Shift+Ctrl+N 组合键）或单击"图层"面板中的"创建新图层"按钮，打开"新建图层"对话框。设置好选项后，单击"确定"按钮，也可创建一个新的图层，如图 3-3 所示。

图 3-3

复制图层

复制图层的操作很简单，有以下两种方法。

① 拖动法复制。在"图层"面板中，选择要复制的图层，将其拖动到面板底部的"创建新图层"按钮上，然后释放鼠标即可生成一个复制图层，如图 3-4 所示。

图 3-4

 技巧与提示

拖动复制时，复制出的图层名称为"被复制图层的名称+拷贝"。

② 菜单法复制。选择要复制的图层，然后选择"图层"→"复制图层"命令，即可完成图层复制，如图 3-5 所示。

图 3-5

删除图层

删除不需要的图层有以下 3 种方法。

① 拖动删除法。在"图层"面板中，选择要删除的图层，然后拖动该图层到"图层"面板底部的"删除图层"按钮上，释放鼠标即可完成，如图 3-6 所示。

② 直接删除法。在"图层"面板中，选择要删除的图层，然后单击"图层"面板底部的"删除图层"按钮，将弹出一个提示对话框。单击"是"按钮即可删除，如图 3-7 所示。

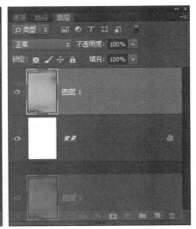

图 3-6

③ 菜单法。在"图层"面板中选择要删除的图层，选择"图层"→"删除"→"图层"命令，也可删除图层，如图 3-8 所示。

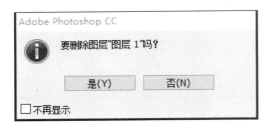

图 3-7

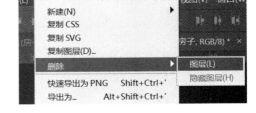

图 3-8

改变图层的排列顺序

在新建或复制图层时，新图层一般位于当前图层的上方。图像的排列顺序直接影响图像的显示效果，上方图层会遮盖下层。

1）打开文件，调节图层顺序。从"图层"面板中可以看到图层标签，如图 3-9 所示。

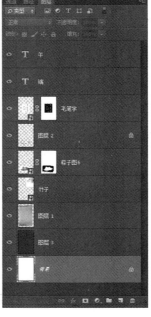

图 3-9

Photoshop 基础实用教程（第2版）

2）在"图层"面板中，将鼠标指针移动到在"图层 1"图层按住鼠标左键，将图层向上拖动。当图层到达需要的位置时，将显示一条蓝色的实线效果，这时释放鼠标，图层会移动到当前位置，如图 3-10 所示。

 技巧与提示

> 按 Ctrl+Shift+]组合键可以快速将当前图层置为顶层；按 Ctrl+Shift+[组合键可以快速将当前图层置为底层；按 Ctrl+]组合键可以快速将当前图层前移一层；按 Ctrl+[组合键可以快速将当前图层后移一层。

3）在窗口中，可以看到"图层 1"图层位于"竹子"图层上方，如图 3-11 所示。

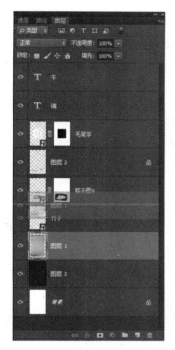

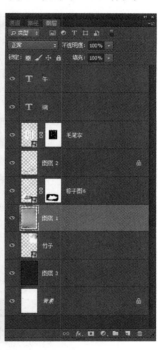

图 3-10　　　　　　　　　　　　　　　　图 3-11

排列与分布图层

当分布图层时，首先要选择或链接相关的图层，分布对象至少有 3 个才可以进行操作，如图 3-12 所示。

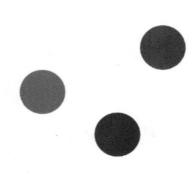

图 3-12

对齐方式如图 3-13 所示。

① 顶对齐：所有选择的对象按照最上方的像素对齐。

② 垂直居中对齐：所有选择的对象按照垂直中心像素对齐。

③ 底对齐：所有选择的对象按照最下方的像素对齐。

④ 左对齐：所有选择的对象按照最左边的像素对齐。

⑤ 水平居中分布：所有选择的对象按照水平中心像素对齐。

⑥ 右对齐：所有选择的对象按照最右边的像素对齐。

分布方式如图 3-14 所示。

① 按顶分布：所有选择的对象按照最上方的像素进行分布对齐。

② 垂直居中分布：所有选择的对象按照垂直中心像素进行分布对齐。

③ 按底分布：所有选择的对象按照最下方的像素进行分布对齐。

④ 按左分布：所有选择的对象按照最左边的像素进行分布对齐。

⑤ 水平居中分布：所有选择的对象按照水平中心像素进行分布对齐。

⑥ 按右分布：所有选择的对象按照最右边的像素对齐。

图 3-13　　　　　　　　　　　　　　图 3-14

栅格化图层

选择一个需要栅格化的矢量图层，选择"图层"→"栅格化"命令，然后在其子菜单中选择相应的栅格化命令即可。栅格化后的图层缩略图将发生变化。文字图层栅格化前后的缩略图如图 3-15 所示。

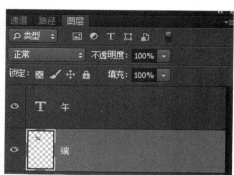

图 3-15

合并图层

在编辑较复杂的图像文件时，图层太多会增加图像的大小，从而增加系统处理图像的时间。因此，建议将不需要修改的图层合并为一个图层，从而提高系统的运行速度。图层进行合并的方法有以下 3 种。

① 合并图层。该命令可以将当前图层与其下一图层合并，其他图层保持不变，如图 3-16 所示。

图 3-16

技巧与提示

按 Ctrl+E 组合键可以快速将图层合并。

② 合并可见图层，如图 3-17 所示。

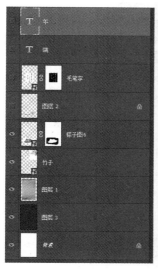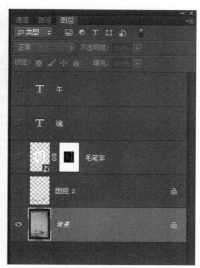

图 3-17

③ 拼合图像。该命令可以将所有图层进行合并，如果有隐藏的图层，则系统会弹出一个如图 3-18 所示的提示对话框。单击"确定"按钮，将删除隐藏的图层，并将其他图层合并为一个图层；单击"取消"按钮，则不进行任何操作。

图 3-18

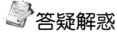 **答疑解惑**

一、图层的功用

可以将 Photoshop 的图层比作透明的薄片，按照任意顺序堆叠。对图层的操作基本都可以通过"图层"面板来实现。Photoshop 的"图层"面板如图 3-19 所示。

图 3-19

二、图层的类型

Photoshop 中可以创建多种类型的图层，其功能和用途及在"图层"面板中的显示也有所不同。常见的图层类型如下。

① 背景图层：新建文档时创建的图层。它始终位于面板的最下层，名称为"背景"。

② 中性色图层：填充中性色并预设混合模式的特殊图层。该图层可用于承载滤镜或在上面绘画。

③ 链接图层：保持链接状态的多个图层。

④ 智能对象：包含智能对象的图层。

⑤ 调整图层：可以调整图像的亮度、色彩平衡等，但不会改变像素值，而且可以重复编辑。

⑥ 填充图层：填充了纯色、渐变或图案的特殊图层。

⑦ 图层蒙版图层：添加了图层蒙版的图层。蒙版可以控制图像的显示范围。

⑧ 矢量蒙版图层：添加了矢量形状的蒙版图层。

⑨ 图层样式：添加了图层样式的图层。通过图层样式可以快速创建特效，如投影、发光和浮雕效果等。

⑩ 图层组：用来组织和管理图层，以便查找和编辑图层。图层组功能类似于文件夹。

⑪ 文字图层：使用文字工具输入文字时创建的图层。

⑫ 视频图层：包含视频文件帧的图层。

任务二　红星按钮

任务引入

校校对图标按钮很感兴趣，每次看到都会认真观察。但是校校不会做，小商就教她做。下面我们就一起学习一下如何制作图标按钮吧！图标按钮如图 3-20 所示。

操作视频

图 3-20

任务分析

图标按钮的立体感是怎么制作出来的呢？

实现过程

1）选择"文件"→"新建"命令，在打开的"新建"对话框中将其命名为"图标"，并将画布的"宽度"和"高度"都设置为"500 像素"、"颜色模式"设置为"RGB 颜色""8 位"、"分辨率"设置为 300 像素/英寸、"背景内容"设置为"白色"，如图 3-21 所示。

图 3-21

2）按 Ctrl+R 组合键显示标尺。选择"视图"→"新建参考线"命令，在垂直和水平位置各建立一条参考线，如图 3-22 所示。

3）新建一个图层，命名为"灰色渐变圆"。设置渐变颜色。选择椭圆选框工具，以两条参考线的交点为圆心绘制一个 400 像素×400 像素的圆形选区，填充灰色，如图 3-23 所示。

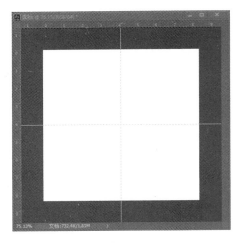

图 3-22　　　　　　　　　　　　　　　图 3-23

4）选择"图层"面板底部的"添加图层样式"→"渐变叠加"选项，打开"图层样式"对话框，对相关选项进行修改，如图 3-24 所示。

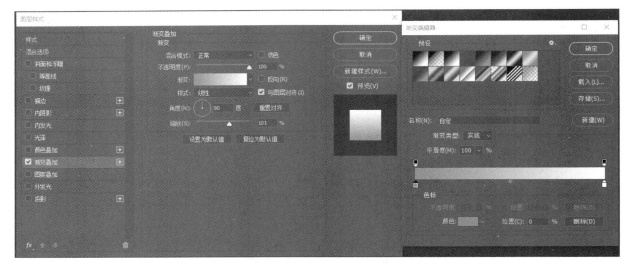

图 3-24

5）选择"图层"面板底部的"添加图层样式"→"斜面和浮雕"选项，打开"图层样式"对话框，对相关选项进行修改，如图 3-25 所示。

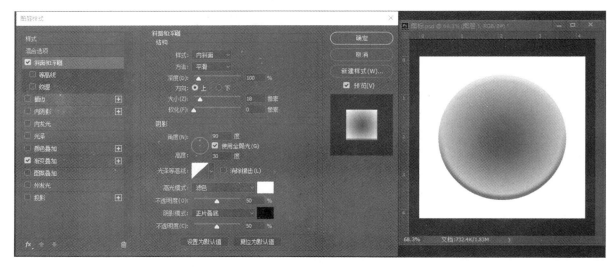

图 3-25

6) 选择"图层 1"并拖动到"图层"面板下方的"创建新图层"按钮上，生成"图层 1 拷贝"。选择"图层"面板底部的"添加图层样式"→"斜面和浮雕"选项，打开"图层样式"对话框，对相关选项进行修改，如图 3-26 所示。

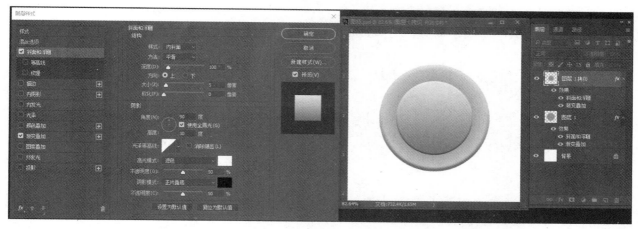

图 3-26

7) 选择星形工具，以两条参考线的交点为选区起点，绘制五角星，如图 3-27 所示。

图 3-27

8) 选择"图层"面板底部的"添加图层样式"→"渐变叠加"选项，打开"图层样式"对话框，对相关选项进行修改，如图 3-28 所示。

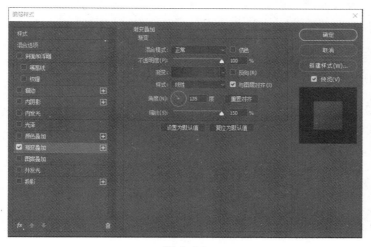

图 3-28

9）选择"图层"面板底部的"添加图层样式"→"斜面和浮雕"选项，打开"图层样式"对话框，对相关选项进行修改，如图3-29所示。

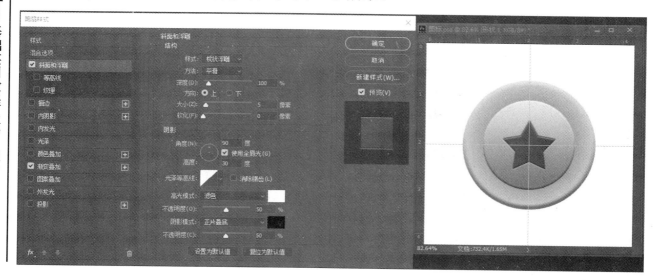

图 3-29

10）最终效果见图3-20。

答疑解惑

在本任务中，使用了"图层"面板底部的"添加图层样式"下拉列表中的选项，从而非常轻松地实现了渐变叠加、斜面和浮雕等特殊效果。根据需要，还可以自定义各效果的选项并综合使用这些效果，从而制作出精美的图片。

一、投影图层样式

选择"图层"→"图层样式"→"投影"命令或"图层"面板底部的"添加图层样式"→"投影"选项，均会打开如图3-30所示的"图层样式"对话框。使用投影图层样式可以为图层制作影子的效果，增加立体感。

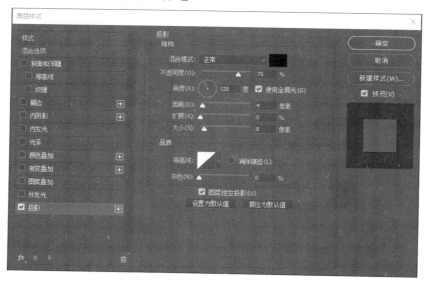

图 3-30

二、内阴影图层样式

使用内阴影图层样式，可以为非背景图层中的图像添加阴影，使图像具有凹陷效果。其选项设置界面如图 3-31 所示。

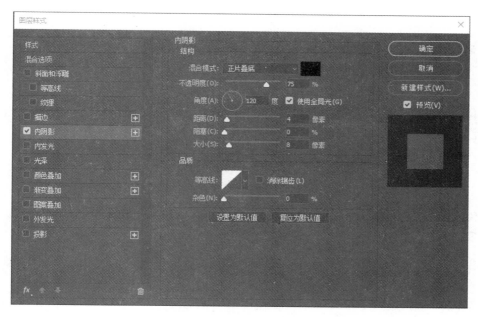

图 3-31

三、外发光图层样式

使用外发光图层样式，可以为图层增加发光效果。此类效果常用于背景较暗的图像，用以制作一种发光的效果。其选项设置界面如图 3-32 所示。

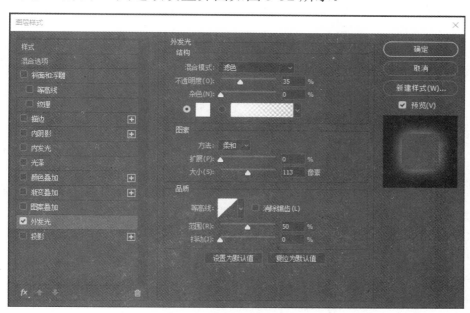

图 3-32

四、内发光图层样式

使用内发光图层样式，可以在图层中增加不透明像素的发光效果。该选项设置界面与外发光图层样式的选项设置界面相同。

五、斜面和浮雕图层样式

使用斜面和浮雕图层样式，可以将各种高光和暗调添加至图层中，从而创建具有立体感的图像效果。在实际工作中会经常用到该样式。其选项设置界面如图 3-33 所示。

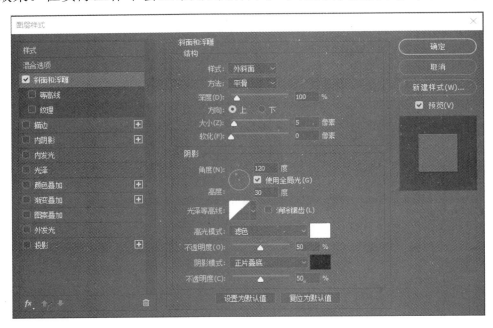

图 3-33

六、光泽图层样式

使用光泽图层样式，可以在图层内部根据图层的形状应用阴影。该样式通常用于创建光滑的磨光及金属效果。其选项设置界面如图 3-34 所示。

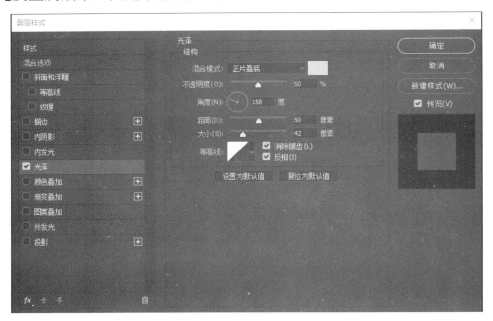

图 3-34

七、颜色叠加图层样式

使用颜色叠加图层样式，可以为当前图层中的图像设置要叠加的颜色。该图层样式的选项很少，主要是选择合适的叠加颜色。其选项设置界面如图 3-35 所示。

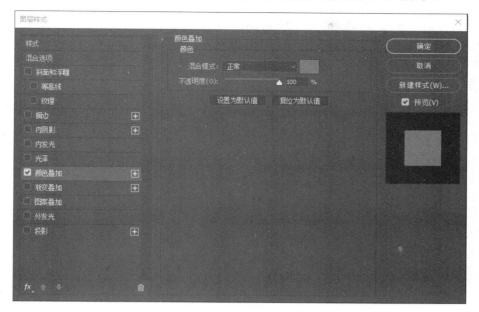

图 3-35

八、渐变叠加图层样式

使用渐变叠加图层样式，可以为图层添加渐变效果。其选项设置界面如图 3-36 所示。

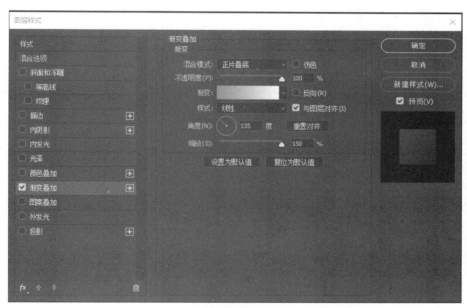

图 3-36

九、图案叠加图层样式

使用图案叠加图层样式，可以在图层上叠加图案。其选项设置界面与颜色叠加图层样式的选项设置界面相似，如图 3-37 所示。

十、描边图层样式

使用描边图层样式，可以用颜色、渐变和图案 3 种方式为当前图层中不透明像素描画轮廓，对于有硬边的图层（如文字类）效果非常显著。其选项设置界面如图 3-38 所示。

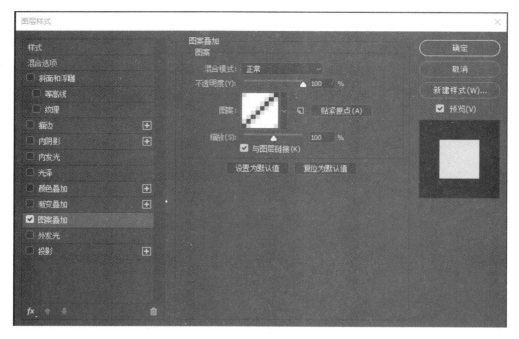

图 3-37

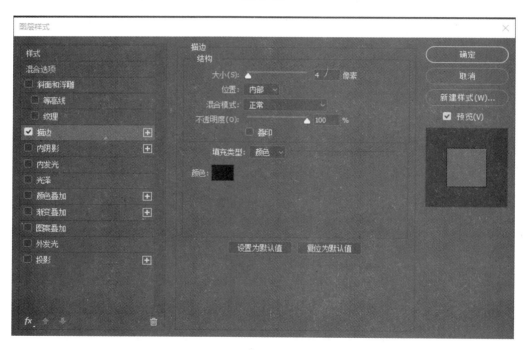

图 3-38

任务三　向阳而生

任务引入

小商找到了一张太阳花的图片，如图 3-39 所示。校校想为太阳花制作一个倒影，效果如图 3-40 所示。下面来学习一下如何制作。

图 3-39

图 3-40

操作视频

任务分析

1. 图 3-40 比图 3-39 多了哪些内容？

2. 多出的内容与原来的图片有什么联系？

实现过程

1）按 Ctrl+O 组合键打开太阳花图片。

2）选择魔棒工具，单击白色背景部分建立选区，并使用"反向选择"命令，选中太阳花，如图 3-41 所示。

图 3-41

技巧与提示

反向选择的组合键是 Ctrl+Shift+I。

3）复制图层，然后选择"编辑"→"变换"→"垂直翻转"命令，将新建的图层垂直翻转并移动到适当位置，如图 3-42 所示。

技巧与提示

复制图层的组合键是 Ctrl+J：当原图层没有选区时，复制整个图层；当有选区时，只复制选区中的部分。

4）在"图层"面板中调整图层的不透明度为 35%，效果如图 3-43 所示。

图 3-42 图 3-43

 技巧与提示

　　将多个图层中的图片摆放整齐时，往往会用到图层的对齐和分布功能。选择移动工具，然后选择两个或两个以上的图层，按照要求单击工具选项栏中的"对齐与分布"按钮，可以对图层位置进行操作。移动工具的工具选项栏如图 3-44 所示。

图 3-44

答疑解惑

　　"图层"面板中有专门针对图层的不透明度与填充进行调整的选项。两者在一定程度上都是针对透明度进行调整的——数值为 100% 时为完全不透明、数值为 50% 时为半透明、数值为 0% 时为完全透明，如图 3-45 所示。

图 3-45

 技巧与提示

　　按键盘上的数字键即可快速修改图层的不透明度。例如，按 7 键"不透明度"会变为 70%；按两次 7 键"不透明度"会变为 77%。

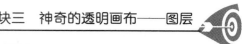

"不透明度"选项控制整个图层的透明属性，包括图层中的形状、像素及图层样式，而"填充"选项只影响图层中绘制的像素和形状的不透明度。

任务四　奇妙的效果

任务引入

校校利用学到的图层知识对扇子（见图3-46）进行处理，得到了奇妙的效果。校校自己都很惊讶。

图 3-46

任务分析

1．如何产生不同的图层混合效果？

2．如何将图片与背景融合得更好？

实现过程

1）按 Ctrl+O 组合键打开扇子图片。

2）选择"扇子"图层，找到图层混合模式，如图3-47所示。

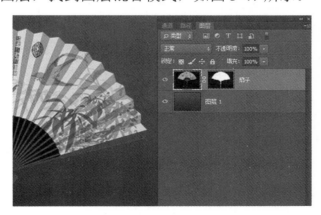

图 3-47

3）调整"扇子"图层混合模式，观察效果变化。

① 正常：这是 Photoshop 默认的模式。在正常情况下（"不透明度"为100%），上层

图像将完全遮盖住下层图像，只有减小"不透明度"数值以后才能与下层图像相混合，见图 3-47。

② 溶解："不透明度"和"填充"为 100%时，该模式下本图层图像不会与下层图像相混合，只有其中任何一个小于 100%时才能产生效果，使透明度区域上的像素离散，如图 3-48 所示。

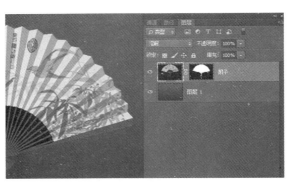

图 3-48

③ 变暗：比较每个通道中的颜色信息，并选择基色或混合色中较暗的颜色作为结果色，同时替换比混合色亮的像素，而比混合色暗的像素保持不变，如图 3-49 所示。

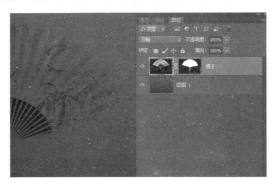

图 3-49

④ 正片叠底：任何颜色与黑色混合产生黑色，任何颜色与白色混合保持不变，如图 3-50 所示。

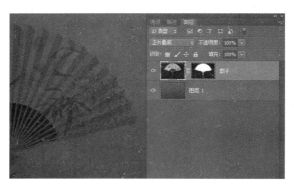

图 3-50

⑤ 颜色加深：通过增加上下层图像之间的对比度来使像素变暗，与白色混合后不产生变化，如图 3-51 所示。

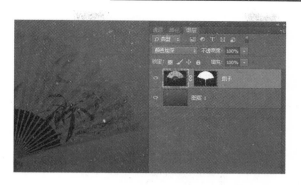

图 3-51

⑥ 线性加深：通过减小亮度使像素变暗，与白色混合不产生变化，如图 3-52 所示。

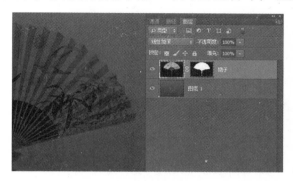

图 3-52

⑦ 深色：比较两个图像的所有通道的数值的总和，然后显示数值较小的颜色，如图 3-53 所示。

图 3-53

⑧ 变亮：比较每个通道中的颜色信息，并选择基色或混合色中较亮的颜色作为结果色，同时替换比混合色暗的像素，而比混合色亮的像素保持不变，如图 3-54 所示。

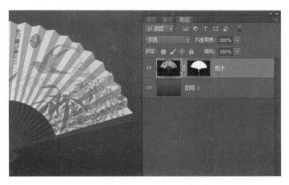

图 3-54

⑨ 滤色：与黑色混合时颜色保持不变，与白色混合时产生白色，如图 3-55 所示。

图 3-55

⑩ 颜色减淡：通过减小上下层图像之间的对比度来提亮底层图像的像素，如图 3-56 所示。

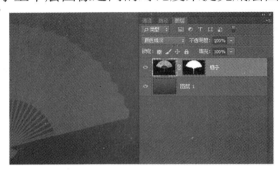

图 3-56

⑪ 线性减淡（添加）：与线性加深模式产生的效果相反，可以通过提高亮度来减淡颜色，如图 3-57 所示。

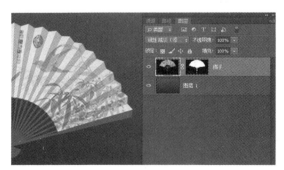

图 3-57

⑫ 浅色：比较两个图像的所有通道的数值的总和，然后显示数值较大的颜色，如图 3-58 所示。

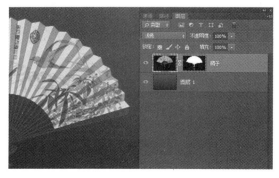

图 3-58

⑬ 叠加：对颜色进行过滤并提亮上层图像——具体取决于底层颜色，同时保留底层图像的明暗对比，如图 3-59 所示。

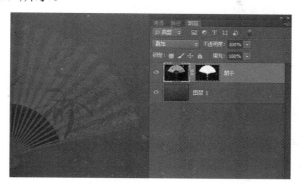

图 3-59

⑭ 柔光：使颜色变暗或变亮——具体取决于当前图像的颜色。如果上层图像比 50% 灰色亮，则图像变亮；如果上层图像比 50% 灰色暗，则图像变暗，如图 3-60 所示。

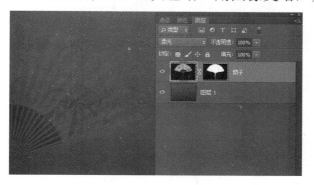

图 3-60

⑮ 强光：对颜色进行过滤——具体取决于当前图像的颜色。如果上层图像比 50% 灰色亮，则图像变亮；如果上层图像比 50% 灰色暗，则图像变暗，如图 3-61 所示。

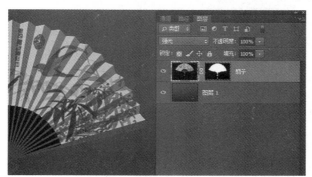

图 3-61

⑯ 亮光：通过增加或减小对比度来加深或减淡颜色——具体取决于上层图像的颜色。如果上层图像比 50% 灰色亮，则图像变亮；如果上层图像比 50% 灰色暗，则图像变暗，如图 3-62 所示。

⑰ 线性光：通过减小或增加亮度来加深或减淡颜色——具体取决于上层图像的颜色。如果上层图像比 50% 灰色亮，则图像变亮；如果上层图像比 50% 灰色暗，则图像变暗，如图 3-63 所示。

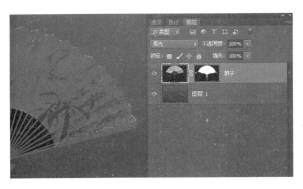

图 3-62

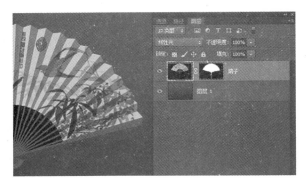

图 3-63

⑱ 点光：根据上层图像的颜色来替换颜色。如果上层图像比 50%灰色亮，则替换比较暗的像素；如果上层图像比 50%灰色暗，则替换较亮的像素，如图 3-64 所示。

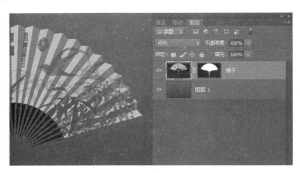

图 3-64

⑲ 实色混合：将上层图像的 RGB 通道值添加到底层图像的 RGB 值。如果上层图像比 50%灰色亮，则使底层图像变亮；如果上层图像比 50%灰色暗，则使底层图像变暗，如图 3-65 所示。

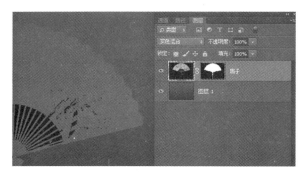

图 3-65

⑳ 差值：上层图像与白色混合将反转底层图像的颜色，与黑色混合则不产生变化，如图 3-66 所示。

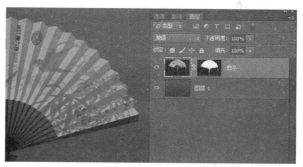

图 3-66

㉑ 排除：创建一种与"差值"模式相似，但对比度更低的混合模式，如图 3-67 所示。

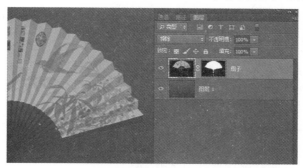

图 3-67

㉒ 减去：从目标通道中相应的像素里减去源通道中的像素值，如图 3-68 所示。

图 3-68

㉓ 划分：比较每个通道中的颜色信息，然后从底层图像中划分上层图像，如图 3-69 所示。

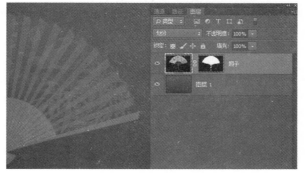

图 3-69

㉔ 色相：用底层图像的明亮度和饱和度及上层图像的色相来创建结果色，如图 3-70 所示。

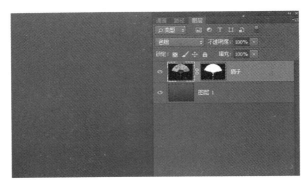

图 3-70

㉕ 饱和度：用底层图像的明亮度和色相及上层图像的饱和度来创建结果色（在饱和度为 0 的灰度区域应用该模式不会产生任何变化），如图 3-71 所示。

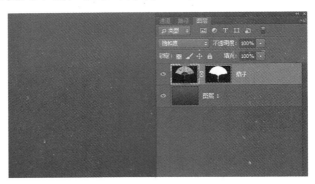

图 3-71

㉖ 颜色：用底层图像的明亮度及上层图像的色相和饱和度来创建结果色，这样可以保留图像中的灰阶，对于为单色图像上色或给彩色图像着色非常有用，如图 3-72 所示。

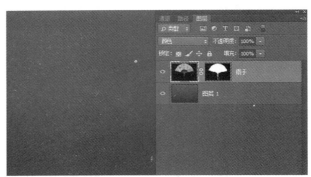

图 3-72

㉗ 明度：用底层图像的色相和饱和度及上层图像的明亮度来创建结果色，如图 3-73 所示。

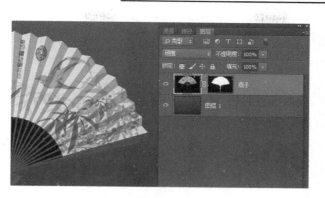

图 3-73

 **答疑解惑**

所谓图层的混合模式，是指一个图层与其下图层的色彩叠加方式，如图 3-74 所示。图层的混合模式主要用于控制上、下图层中图像的混合效果。在设置混合模式时，通常还需要调节图层的不透明度，以使其效果更加理想。通常情况下，新建图层的混合模式为正常。

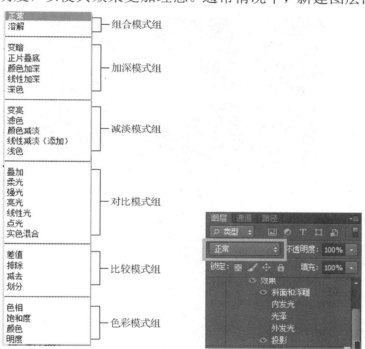

图 3-74

① 组合模式组：该组中的混合模式需要降低图层的"不透明度"或"填充"数值才能起作用。这两个选项的数值越低，就越能看到下面的图像。

② 加深模式组：该组中的混合模式可以使图像变暗。在混合过程中，当前图层的白色像素会被下层较暗的像素替代。

③ 减淡模式组：该组与加深模式组产生的混合效果完全相反，它们可以使图像变亮。在混合过程中，图像中的黑色像素会被较亮的像素替换，而任何比黑色亮的像素都可能提亮下层图像。

④ 对比模式组：该组中的混合模式可以加强图像的差异。在混合时，50%的灰色会完

全消失，任何亮度值高于 50%灰色的像素都可能提亮下层的图像，亮度值低于 50%灰色的像素则可能使下层图像变暗。

⑤ 比较模式组：该组中的混合模式可以比较当前图像与下层图像，将相同的区域显示为黑色，不同的区域显示为灰色或彩色。如果当前图层中包含白色，那么白色区域会使下层图像反相，而黑色不会对下层图像产生影响。

⑥ 色彩模式组：使用该组中的混合模式时，Photoshop 会将色彩分为色相、饱和度和亮度 3 种成分，然后再将其中的一种或两种应用在混合后的图像中。

任务五　融合美好的未来

任务引入

校校很奇怪，图 3-75 中星空图片与宇航员图片相互融合得那么自然。这是怎么实现的呢？

操作视频

图 3-75

任务分析

星空图片与宇航员图片是如何合成在一起的？

实现过程

1）按 Ctrl+O 组合键打开海报图片。

2）选择"星空"图层，找到图层蒙版，如图 3-76 所示。

图 3-76

3）选择移动工具，调整素材图片的位置，如图 3-77 所示。

图 3-77

4）创建图层蒙版。图层蒙版是依附图层而存在的，由图层缩略图和图层蒙版缩略图组成。创建图层蒙版的方法有多种：既可以直接单击"图层"面板底部的"添加图层蒙版"按钮，也可以单击"图层"面板右上角的"添加像素蒙版"按钮，还可以选择"图层"→"图层蒙版"命令后，在子菜单中选择"全部显示"/"隐藏全部"命令。为当前的普通图层添加图层蒙版，如图 3-78 所示。

5）设置背景色为黑色，然后选择渐变工具，模式调整成由黑到透明的渐变，如图 3-79 所示。

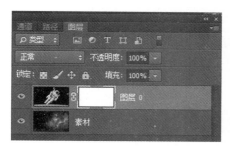

图 3-78

图 3-79

 技巧与提示

渐变工具的快捷键是 G。

6）在图层蒙版内绘制渐变，使星空下方隐藏，如图 3-80 所示。

图 3-80

7）反复操作几次，达到理想效果，如图 3-81 所示。

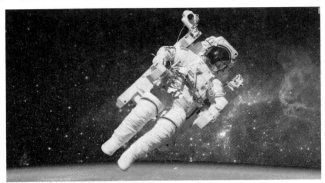

图 3-81

 技巧与提示

在图层蒙版中，黑色为隐藏，白色为显示。使用渐变工具进行操作时，由黑到透明的渐变方式能够实现多次蒙版效果。

答疑解惑

图层蒙版是图像处理中最常用的蒙版，主要用来显示或隐藏图层的部分内容，同时保护原图像不因编辑而受到破坏。图层蒙版中的白色区域可以遮盖下面图层中的内容，只显示当前图层中的图像；图层蒙版中的灰色区域会根据其灰度值使当前图层中的图像呈现不同层次的透明效果。

图层蒙版之所以可以精确、细腻地控制图像显示与隐藏的区域，是因为图层是由图像的灰度来决定不透明度的。

图层蒙版是 Photoshop 图层操作的重要工具，使用图层蒙版可以创建出多种梦幻效果。图层蒙版的原理是使用一张具有 256 级色阶的灰度图（蒙版）来屏蔽图像，灰度图中的黑色区域为透明区域，而图中的白色区域为显示区域，由于灰度图具有 256 级灰度，因此能够创建细腻、逼真的混合效果。

在操作方面，由于蒙版的实质是一张灰度图，因此可以采用任何制图或编辑方法调整蒙版，从而得到需要的效果。而且由于所有显示、隐藏图层的效果操作均是在蒙版中进行的，因此能够保护图像的像素不被编辑，从而使工作具有很大的灵活性。

"蒙版"面板提供了用于图层蒙版及矢量蒙版的多种控制选项，使用户既可以轻松更改蒙版的不透明度、边缘柔化程度，也可以方便地增加或删除蒙版、反相蒙版和调整蒙版边缘。选择"窗口"→"蒙版"命令，将会显示如图 3-82 所示的"蒙版"面板。

图 3-82

- 养成好的习惯，尽量不要在背景层上操作，每建立一个独立图形，需要新建图层。
- 图层过多时，将相同图层进行编组，便于日后管理。
- 文字图层：需要经过栅格化后，才能够进行艺术处理。
- 蒙版图层：建立图层蒙版后，可以显示或隐藏图层的部分内容——黑色区域为透明区域，白色区域为显示区域，灰色区域为 256 级色阶灰的透明区域。
- 背景图层：默认显示状态是锁定的。双击背景图层，可以将其解锁。

举一反三

一、制作跨越空间的海豚（见图 3-83）

操作视频

图 3-83

步骤分析图（见图 3-84 至图 3-88）

图 3-84

图 3-85

图 3-86

图 3-87

图 3-88

知识点提示

使用 Ctrl+J 组合键复制有选区的图层，注意图层顺序的设置。

二、制作奇妙的按钮（见图 3-89）

图 3-89

操作视频

步骤分析图（见图 3-90 至图 3-95）

图 3-90

图 3-91

图 3-92

图 3-93

图 3-94

图 3-95

知识点提示

1. 本例主要用到了如图 3-96 至图 3-98 所示的几种图层样式。

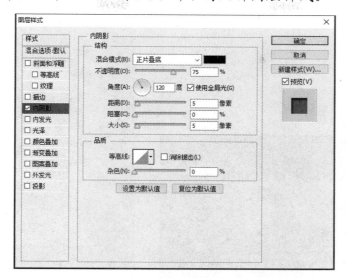

图 3-96

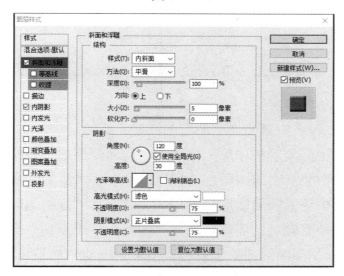

图 3-97

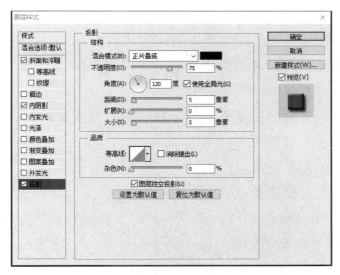

图 3-98

2. 本例中用到的图层蒙版和渐变样式如图 3-99 所示。

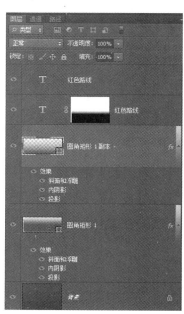

图 3-99

证书相关

在线测试

1. 下列对在 Photoshop 中复制多个图层的叙述正确的是（　　）。

A. 按住 Ctrl 键选中想复制的图层，拖动到"创建新图层"按钮上

B. 按住 Ctrl 键选中想复制的图层，选择"图像"→"复制"命令

C. 按住 Ctrl 键选中想复制的图层，选择"文件"→"复制图层"命令

D. 按住 Ctrl 键选中想复制的图层，选择"编辑"→"复制"命令

2. 对于 Photoshop 文字图层栅格化前后说法不正确的一项是（　　）。

A. 文字图层栅格化前可以直接改变字体颜色

B. 文字图层栅格化后可以调整字体颜色

C. 文字图层栅格化前可以使用橡皮擦对文字进行擦拭

D. 文字图层栅格化后可以使用橡皮擦对文字进行擦拭

3. 下列正确描述 Photoshop 背景层的是（　　）。

A. 在"图层"面板上背景层是不能上下移动的，只能是最下面一层

B. 背景层可以设置图层蒙版

C. 背景层不能转化为其他类型的图层

D. 背景层不可以执行滤镜效果

4. 在 Photoshop 中如果要使用绘画工具和滤镜工具编辑文字图层、形状图层、矢量蒙版或智能对象等包含矢量数据的图层，需要先将其（　　），让图层中的内容转换为光栅图像，然后才能进行相应的编辑。

A. 复制　　　　　　B. 格式化　　　　　C. 栅格化　　　　　D. 以上都不对

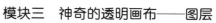

5. 在 Photoshop 中按（　　）组合键，可以使图层与其下面的图层合并。

A．Ctrl+K　　　　　B．Ctrl+E　　　　　C．Ctrl+D　　　　　D．Ctrl+L

6. 在 Photoshop 中常见的图层类型包括（　　）。

A．图层组　　　　　B．调整图层　　　　C．中性图层　　　　D．智能对象

E．背景图层

课 堂 笔 记

课堂内容	知识掌握情况	需要帮助的地方
"图层"面板		
新建图层		
复制图层		
图层样式		
图层混合模式		
图层蒙版		
删除图层		
新建图层组		
你还掌握了哪些知识？		

模块四

马良的神笔——画笔工具

任务一 飘雪的天空

任务引入

冬天到了，北方的天空飘起了雪花，小商和校校走在郊外的路上，抬头看着天空。校校说："如果能让下雪的画面静止，该多好啊！让这美丽的一刻停下来。"小商说："这好办，你等着吧！我能找到让雪花静止的方法。"

任务分析

1. 图 4-1 所示天空中的雪花有什么特点呢？
2. 雪花的大小、间距、边缘是完全一致的吗？

图 4-1

实现过程

1）打开风景图片，选择画笔工具，工具选项栏的设置如图 4-2 所示。

图 4-2

2）单击"画笔"面板中的"画笔预设"按钮 ，对"画笔"面板中的选项进行设置。设置多种画笔样式，如图 4-3 至图 4-5 所示。

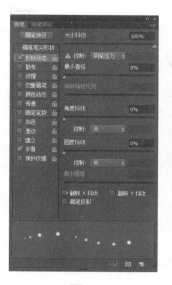

图 4-3   图 4-4   图 4-5

3）新建一个图层，使用画笔工具绘制雪花。

4）为了达到逼真的雪花效果，需要多次绘制雪花。最终效果见图 4-1。

 技巧与提示

每绘制一次雪花，需要新建一个图层，同时调整图层的不透明度。

任务二　白云朵朵

任务引入

周末，小商和校校去郊游，他们躺在草地上看着天空。蓝蓝的天上飘着朵朵白云，有的像奔跑的骏马，有的像游泳的鱼。校校说："我想用云朵在天上拼出一个大大的笑脸。"小商说："这个很简单，我一会儿就能实现你的愿望！"

任务分析

1．图 4-6 所示的天空的颜色是单一的蓝色吗？

2．如何实现云朵组成的笑脸效果？

图 4-6

实现过程

1）选择"文件"→"新建"命令，将文件命名为"云彩+姓名"，设置画布的"宽度"和"高度"分别为"800 像素"与"600 像素"，"分辨率"为 72 像素/英寸。

2）使用渐变工具将天空颜色设置成从天蓝色到浅蓝色的渐变效果。

3）按 Ctrl+Shift+N 组合键新建图层，再选择画笔工具，打开"画笔"面板，对"画笔笔尖形状""形状动态""纹理"进行设置，如图 4-7 至图 4-9 所示。

图 4-7　　　　　　　　图 4-8　　　　　　　　图 4-9

4）将前景色设置为白色，使用画笔工具在画布上绘制一个笑脸形状的白云，见图 4-6。

答疑解惑

Photoshop 除了用来处理图片，还具有非常丰富的绘制与修饰功能。

一、画笔工具

选择画笔工具后，可在工具选项栏中设置画笔工具的选项，如图 4-10 所示。设置不同的"不透明度"数值可以绘制出不同的效果，如图 4-11 所示。

图 4-10

图 4-11

二、铅笔工具

自动抹除是铅笔工具的特殊功能，如果在前景色上拖动，则在该区域抹掉前景色。

三、"画笔"面板

"画笔"面板如图 4-12 所示。

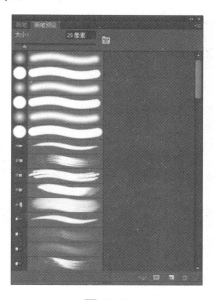

图 4-12

① 大小：用于控制画笔的大小。直接在"大小"文本框中输入数值即可。数值越大，画笔的直径越大，如图 4-13 和图 4-14 所示。

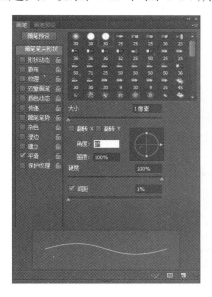

图 4-13

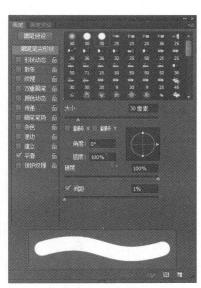

图 4-14

② 硬度：用于控制画笔边缘的柔软程度。数值越大边缘越硬，数值越小边缘越柔和，如图 4-15 和图 4-16 所示。

③ 间距：用于控制描边时画笔笔迹之间的距离，也就是点和点之间的距离，如图 4-17 所示。

④ 圆度：用于定义画笔短轴和长轴之间的比例。可以直接在"圆度"文本框中输入百分比值，或者在预览框中拖动两个黑色的节点。100%时为圆形画笔，50%时为线性画笔，如图 4-18 所示。

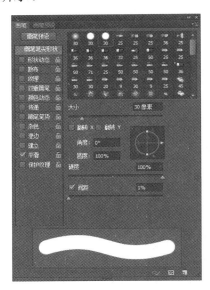
图 4-15

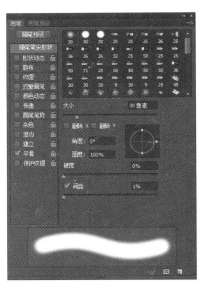
图 4-16

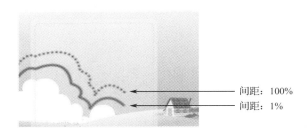
图 4-17

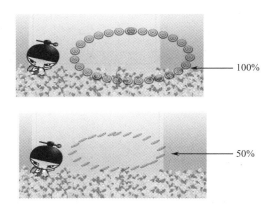
图 4-18

四、新建画笔

选择椭圆选框工具，单击工具选项栏中的"添加新选区"按钮，绘制梅花形状，如图 4-19 所示。

选择"编辑"→"定义画笔预设"命令，可以自定义画笔效果，如图 4-20 和图 4-21 所示。

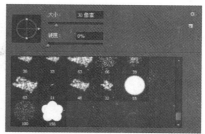

图 4-19　　　　　　　　　　图 4-20　　　　　　　　　　　图 4-21

 技巧与提示

- 画笔工具的快捷键是 B，调用"画笔"面板的快捷键是 F5。
- 增大或减小笔头大小的快捷键是[和]，使用 Shift+[或 Shift+]组合键可以选择最大或最小的笔头。

举一反三

一、水墨中国（见图 4-22）

操作视频

图 4-22

步骤分析

1）选择"文件"→"打开"命令，在"打开"对话框中选择"水墨中国"文件夹中的"背景"图片，再单击"打开"按钮，如图 4-23 所示。

2）选择画笔工具，在工具选项栏的下拉列表框中选择"粗边圆形钢笔"，如图 4-24 所示。

3）按下键盘上的 F5 键，打开"画笔"面板，在"形状动态"下进行设置，如图 4-25 所示；在"双重画笔"下进行设置，如图 4-26 所示。

4）新建图层，在画布的左中间位置单击；按住 Shift 键，在画布的右中间位置单击。此时，完成画线的绘制，如图 4-27 所示。

图 4-23

图 4-24

图 4-25

图 4-26

图 4-27

5）绘制完直线后，调整画笔的不透明度为 50%，对左端进行修饰和调整，如图 4-28 所示。

6）选择"滤镜"→"扭曲"→"极坐标"命令，打开"极坐标"对话框，如图 4-29 和图 4-30 所示。

图 4-28　　　　　　　　　　　　　　图 4-29

7）选择"自由变换"命令或按 Ctrl+T 组合键，对环形进行调整，如图 4-31 所示。

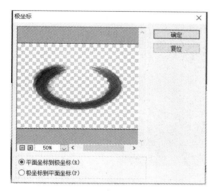

图 4-30　　　　　　　　　　　　　　图 4-31

8）使用文字工具，分别输入"水墨""中国"两组文字，然后对文字进行图层样式设置，如图 4-32 和图 4-33 所示。

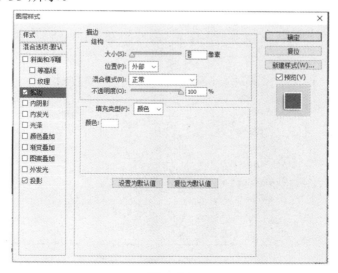

图 4-32

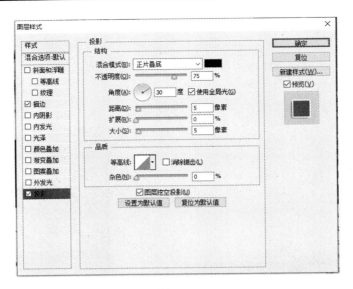

图 4-33

9）选择置入"印章"素材图片，对其进行调整。最终效果见图 4-22。

二、中秋月更圆（见图 4-34）

操作视频

图 4-34

步骤分析

1）选择"文件"→"新建"命令，在"新建"对话框中的"名称"文本框中输入"中秋月更圆+姓名"；在"宽度"文本框中输入 520，在"高度"文本框中输入 400，单位均为"像素"；"分辨率"使用默认设置 72 像素/英寸，如图 4-35 所示。

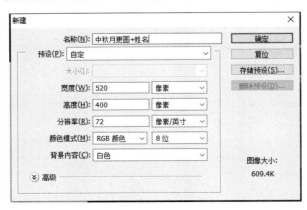

图 4-35

2）按 Alt+Delete 组合键，填充前景色。

3）选择椭圆选框工具，按住 Shift 键绘制正圆，如图 4-36 所示。

4）使用渐变工具为选区填充渐变色。

5）选择铅笔工具，按住 Shift 键绘制直线，如图 4-37 所示。

图 4-36

图 4-37

6）选择枫叶形状的画笔，将"大小"设置成"74 像素"，如图 4-38 所示。

7）返回"画笔"面板，将"颜色动态"下的"色相抖动"值调为 13%，如图 4-39 所示。

8）将"散布"下的"两轴"复选框选中并将值调为 560%、"数量"值调为 4、"数量抖动"值调为 4%，绘制枫叶，如图 4-40 所示。

图 4-38

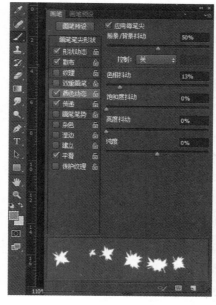

图 4-39

图 4-40

9）在工具选项栏中将画笔样式设置为"硬边圆"，绘制线条上的实心光斑，如图 4-41 所示。

10）在工具选项栏中将画笔样式设置为"柔边圆"，绘制线条上的虚边光斑，如图 4-42 所示。最终效果见图 4-34。

图 4-41

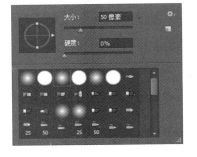

图 4-42

三、创（见图 4-43）

图 4-43

操作视频

步骤分析

1）选择"文件"→"新建"命令，在"新建"对话框中的"名称"文本框中输入"创+姓名"；在"宽度"文本框中输入 600，单位为"像素"；在"高度"文本框中输入 500，单位为"像素"；"分辨率"保持默认设置，为 72 像素/英寸，如图 4-44 所示。

2）使用文字工具，在画布的上方输入文字"创"，如图 4-45 所示。

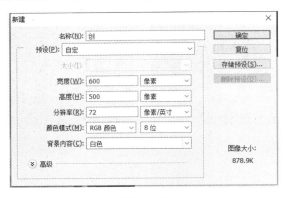

图 4-44

图 4-45

3）新建图层，使用套索工具绘制效果（绘制此处时，由于鼠标的灵敏度不同，所以不必纠结形状是否与案例图完全一致），如图 4-46 所示。

4）为图形填充黑色，如图 4-47 所示。

图 4-46 图 4-47

5）选择"编辑"→"定义画笔预设"命令，将当前画笔名称存为"创"，如图 4-48 所示。

6）将当前图层内空清空，选择画笔工具，再选择画笔"创"，如图 4-49 所示。

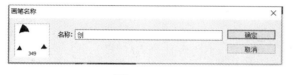

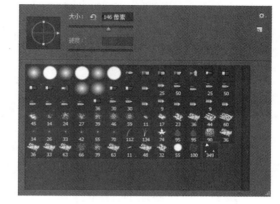

图 4-48 图 4-49

7）按 F5 键打开画笔预设，进行形状动态、画笔笔尖形状、散布的调整，如图 4-50 至图 4-52 所示。

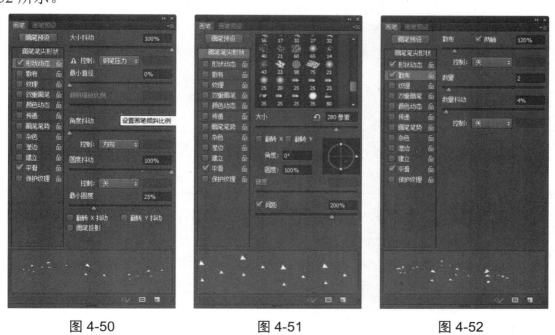

图 4-50 图 4-51 图 4-52

8）分别将画笔不透明度调整为 60%、80%、100%。调整 3 次数值，使画面出现由远至近、由大至小、由浅到深的层次感。最终效果见图 4-43。

- 要设置特殊样式的画笔，一定要先选择画笔工具，然后打开"画笔"面板，在"画笔"面板中进行画笔设置。
- 如果要使绘制出的图形更有层次感，那么可以每次绘制一些新的图形，就建立一个新的图层，同时调整图层的不透明度。
- 定义画笔预设时，要对选区进行色彩填充。当填充颜色为黑色，使用画笔绘画时，将以实像显示，也就是不透明度为100%；当填充颜色为彩色（如红黄蓝等），使用画笔绘画时，将以透明度的形式进行填充显示。

证书相关

在线测试

1．Photoshop 的绘画工具包括（　　　）等几种。

A．画笔　　　　　　B．铅笔　　　　　　C．颜色替换　　　　D．混合器画笔

2．在"画笔"面板中，可以调节（　　　）。

A．画笔大小　　　B．画笔硬度　　　C．画笔圆度　　　D．画笔喷溅

3．在使用画笔进行绘制时，可以按住（　　　）键绘制直线。

A．Alt　　　　　　B．Ctrl　　　　　　C．Shift　　　　　　D．Tab

4．在 Photoshop 中，当使用画笔工具时，按（　　　）键可以对画笔的图标进行切换。

A．Ctrl　　　　　　B．Alt　　　　　　C．Tab　　　　　　D．CapsLock

5．使用画笔工具时，可以使用键盘上的（　　　）键增大或减小笔头大小。

A．（ 或 ）　　　　B．[或]　　　　C．< 或 >　　　　D．- 或 +

课 堂 笔 记

课堂内容	知识掌握情况	需要帮助的地方
画笔工具		
"画笔"面板		
画笔大小		
画笔硬度		
大小抖动		
你还掌握了哪些知识？		

（续表）

行云流水，涉笔成趣——钢笔工具

任务一　直来直往

任务引入

小商和校校无意中在电脑里发现了一张图片，如图 5-1 所示。

图 5-1

小商："这个应该是一张会员卡的正反面！"

校校："我觉得卡的正面很好看，能不能把它单独提取出来呢？"

任务分析

如何使用钢笔工具选择卡片的正面？选择后怎样才能成功取出？

实现过程

1）用 Photoshop 打开素材，然后选择工具箱中的钢笔工具，如图 5-2 所示。

钢笔工具——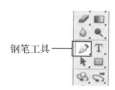

图 5-2

技巧与提示

调用钢笔工具的快捷键是 P。

2）沿卡片的边缘单击并移动，围绕卡片绘制一个完整闭合的路径，如图 5-3 所示。

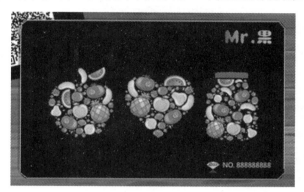

图 5-3

技巧与提示

路径一定要首尾相连，中间不能断开。

3）按 Ctrl+Enter 组合键将路径转换为选区，如图 5-4 所示。

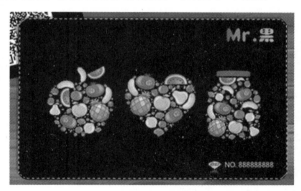

图 5-4

4）按 Ctrl+Shift+I 组合键进行反选，按 Delete 键删除背景，就达到了将选区与背景层分离的效果，如图 5-5 所示。

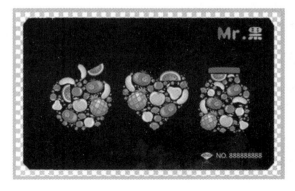

图 5-5

任务二 线条的魅力

任务引入

小商："在上一个任务中，卡片的 4 个角是圆角啊！"

校校："能不能使用钢笔工具绘制圆滑的曲线呢？"

任务分析

图 5-6 所示的这张图片中有 4 个桃子，如果只想要最前面的桃子，就必须使用曲线来选中它。如何操作呢？

图 5-6

实现过程

1）打开桃子图片，选择钢笔工具。

2）在最前面的桃子的边缘单击，如图 5-7 所示。

3）将鼠标指针移动到桃子的另外一侧，单击边缘并按住鼠标左键拖动调节杆，这样就达到了使用钢笔工具绘制曲线路径的效果，如图 5-8 所示。

图 5-7

图 5-8

4）使用同样方法围绕桃子的边缘单击并拖动绘制曲线路径，直到选中整个桃子，如图 5-9 所示。

5）按 Ctrl+Enter 组合键将路径转换为选区，如图 5-10 所示。

图 5-9

图 5-10

6）按 Ctrl+Shift+I 组合键反选，再按 Delete 键删除背景，即可将选区与背景层分离，如图 5-11 所示。

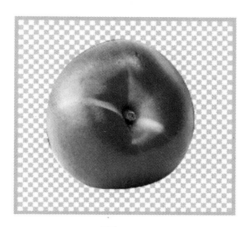

图 5-11

7）按照前面的办法来练习一下，将图 5-12 中的梨提取出来，达到如图 5-13 所示的效果。

图 5-12

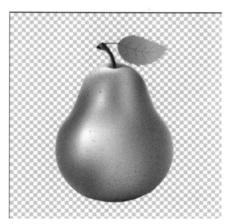

图 5-13

 技巧与提示

绘制曲线路径时，要在按住鼠标左键的同时拖动调节杆。

8）使用钢笔工具绘制好路径后，还可以修改路径，如图 5-14 所示。

9）这时可使用直接选择工具，如图 5-15 所示。当选择直接选择工具时路径就进入了可编辑的状态。

10）选择想要修改的路径上的锚点，可以任意拖动调节杆，达到想要的效果，如图 5-16 所示。

图 5-14   图 5-15   图 5-16

11）绘制完路径后按 Ctrl+Enter 组合键，将路径转换为选区，如图 5-17 所示。最后将选区之外的像素删除，如图 5-18 所示。

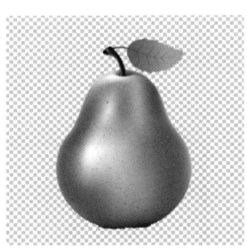

图 5-17   图 5-18

 技巧与提示

- 选择路径上的一个锚点后，按住 Alt 键的同时在该锚点上单击，这时该锚点上的调节杆将会消失，再调节下一个锚点时就不会受影响了。
- 使用钢笔工具绘制路径时按住 Shift 键，可以强制使调节杆呈水平、垂直或 45°；按住 Ctrl 键，可以暂时切换到路径选择工具；按住 Alt 键的同时在调节杆的黑色节点上单击，可以改变调节杆的方向，使曲线能够转折；按住 Alt 键用路径选择工具单击路径，将选择整个路径；要同时选择多个路径，可以按住 Shift 键后逐个单击。

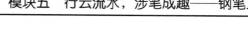

任务三　献给妈妈的爱

任务引入

妈妈的生日快到了，小商想准备一份礼物送给妈妈。由于最近学会了使用钢笔工具，所以小商决定运用钢笔工具给妈妈画个爱心。

任务分析

想画出一个好看的心形，首先要熟悉钢笔工具和直接选择工具的使用。

实现过程

1）先使用钢笔工具画出一个大概的心形形状，如图 5-19 所示。

图 5-19

2）选择直接选择工具慢慢进行修改，直到达到满意的效果。

技巧与提示

要用钢笔工具画出各种不同的形状，必须掌握每一次拖动调节杆时曲线发生的变化。

任务四　中华如意纹

任务引入

如意纹，中国传统寓意吉祥的一种图案。按如意形做成的如意纹样，借喻"称心""如意"，与"瓶""戟""磬""牡丹"等组成中国民间广为应用的"平安如意""吉庆如意""富贵如意"等吉祥图案。

图 5-20

操作视频

任务分析

1．如何使用钢笔工具绘制如意纹？

2．如何制作对称图形？

实现过程

1）选择"文件"→"新建"命令。在"新建"对话框中的"名称"文本框中输入"如意纹"，在"宽度"文本框中输入 650、单位为"像素"，在"高度"文本框中输入 500、单位为"像素"，"分辨率"默认设置为 72 像素/英寸，如图 5-21 所示。

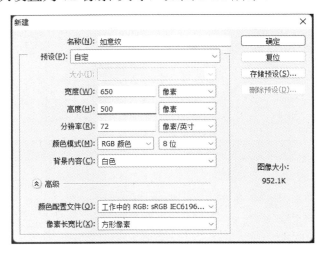

图 5-21

2）使用钢笔工具，在画布中绘制如意纹的左半部分，如图 5-22 所示。

3）按 Ctrl+Enter 组合键将路径转换为选区，如图 5-23 所示。

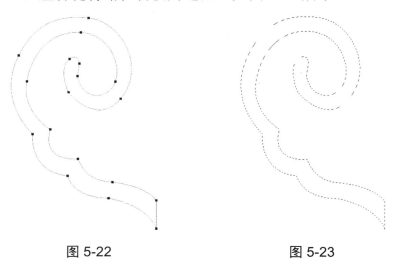

图 5-22　　　　　　　　　　　　图 5-23

技巧与提示

使用钢笔工具绘制路径时，路径要首尾相连，不然会出现绘制的路径与原图像不一致的情况，一定要细心地做好每一步以正确控制锚点的方向。

4）按 Alt+Delete 组合键进行前景色填充，将 RGB 色彩值调整为：215、20、20，如图 5-24 所示。

5）填充完毕后，得到红色填充图形，按 Ctrl+D 组合键取消选区，如图 5-25 所示。

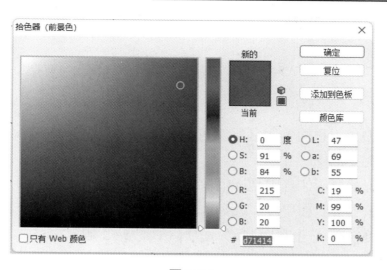

图 5-24

6）按 Ctrl+J 组合键将该图层进行复制，得到"如意纹 拷贝"图层，如图 5-26 所示。

图 5-25　　　　　　　　　　　　　　　　图 5-26

7）按 Ctrl+T 组合键将图形进行水平翻转，如图 5-27 所示。使用移动工具，将图形移动到相应位置，如图 5-28 所示。

图 5-27　　　　　　　　　　　　　　　　图 5-28

8）最终效果见图 5-20。

答疑解惑

自定形状工具

自定形状工具的使用很简单，只要找到了它的位置（见图 5-29），相信大家都能得心应手地绘制出自己想要的图形。

在绘制自定义形状时应注意工具选项栏中的选项，如图 5-30 所示。

- 当选择创建新的形状图层时，选择"形状"选项，如图 5-31 所示。
- 当选择创建路径时，选择"路径"选项，如图 5-32 所示。
- 当选择创建填充的区域时，选择"填充像素"选项，如图 5-33 所示。

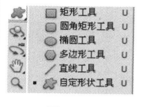 

图 5-29　　　　　图 5-30　　　　　图 5-31　　　　　图 5-32　　　　　图 5-33

单击"形状"选项右侧的下拉按钮，会出现形状库，可以从中选择相应的形状进行绘制，如图 5-34 所示。

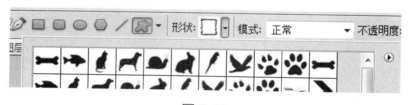

图 5-34

举 一 反 三

一、制作"祥云"图案（见图 5-35）

操作视频

图 5-35

步骤分析图（见图 5-36）

图 5-36

知识点提示

钢笔工具、前景色填充（Alt+Delete 组合键）、复制图层（Ctrl+J 组合键）。

二、制作黑色小猫（见图 5-37）

操作视频

图 5-37

技巧与提示

绘制图形时，注意及时创建新图层，每制作一部分新建一个图层。

步骤分析图（见图 5-38）

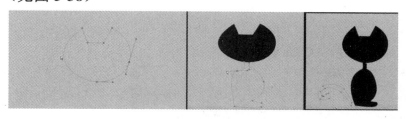

图 5-38

知识点提示

前景色填充（Alt+Delete 组合键）、背景色填充（Ctrl+Delete 组合键）、椭圆选框工具、移动工具。

三、制作南瓜大叔（见图 5-39）

操作视频

图 5-39

技巧与提示

使用钢笔工具抠图时一定要细心，否则图像上的一些边缘会变得不规则。

步骤分析图（见图 **5-40**）

图 5-40

知识点提示

图层样式：内阴影（线性加深，颜色 eea404，148 度，11，0，4）；内发光（17，0，0，49）；外发光（颜色减淡，29，0，0，16）；渐变叠加；描边。

四、制作五角星（见图 5-41）

操作视频

图 5-41

步骤分析图（见图 **5-42** 至图 **5-44**）

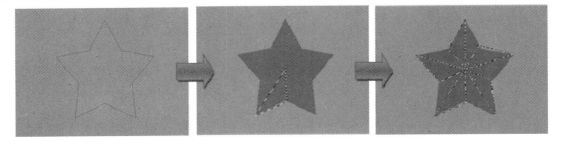

图 5-42

图 5-43

图 5-44

技巧与提示

> 当画五角星后面的由多个矩形组成的图案时，会用到重复变换命令，可以按 Ctrl+Alt+Shift+T 组合键。

知识点提示

前景色填充（Alt+Delete 组合键）、背景色填充（Ctrl+Delete 组合键）、自定形状工具、矩形选框工具、橡皮擦工具、移动工具。

- 使用钢笔工具抠出图形后，先把路径转换为选区，然后新建一个文件，使用复制、粘贴或直接拖动选区到新建文件上即可。
- 使用钢笔工具时，其工具选项栏中有 3 个选项，分别是路径、形状、填充像素。如果要画出形状，则选择"形状"选项；如果只需要轮廓，则选择"路径"选项。
- 钢笔工具绘制路径的关键是锚点，锚点设置在好的位置，则画出的弧度就会很漂亮。因此，钢笔工具一定要多用、多练。
- 使用钢笔工具画完曲线后画直线，先按住 Alt 键单击要开始画直线的锚点，再在直线的结束处单击即可。
- 使用钢笔工具勾路径时有时会出现自动反选的效果，这是因为在钢笔工具的工具选项栏中有 4 种填充运算区域，如果选择的是"从路径区域减去"选项，就会出现反选的效果；如果不想要此效果，则可选择"新建图层"或"合并形状"选项。

证书相关

1．绘制路径的工具是（　　　）。

A．画笔工具　　　　B．选区工具　　　　C．钢笔工具　　　　D．套索工具

2．在路径曲线线段上，方向线和方向点的位置决定了曲线段的（　　　）。

A．角度　　　　　　B．形状　　　　　　C．方向　　　　　　D．像素

在线测试

3．按（　　）键可以切换钢笔工具和转换点工具。

A．Ctrl　　　　　　　B．Shift　　　　　　　C．Alt　　　　　　　D．Ese

4．将路径转换为选区的组合键是（　　）。

A．Ctrl+Alt　　　　　　　　　　B．Ctrl+Shift

C．Alt+Shift　　　　　　　　　　D．Ctrl+Enter

5．使用钢笔工具画完曲线后画直线，先按住（　　）单击要开始画直线的锚点，再在直线的结束处单击即可。

A．Ctrl 键　　　　　　　　　　B．Shift 键

C．Ese 键　　　　　　　　　　D．Alt 键

6．判断：路径由直线、曲线、锚点组成。（　　）

课　堂　笔　记

课堂内容	知识掌握情况	需要帮助的地方
钢笔工具		
矩形工具		
路径		
锚点		
调节杆		
你还掌握了哪些知识？		

文化的传承——文字工具

任务引入

国庆节快到了，小商和校校商量着利用掌握的 Photoshop 知识一起制作一张国庆节海报，向祖国献礼，如图 6-1 所示。

图 6-1

任务分析

1. 图 6-1 中的文字有什么特点？

2. 图 6-1 中的圆圈文字、"爱国"及下面大段文字的形状、颜色、大小、长度都是一样的吗？它们都是如何创建出来的？

任务一　社会主义核心价值观——点文字

实现过程

1）打开素材图片，选择文字工具 T。在工具选项栏中设置合适的字体，设置字号为435 点，设置字体颜色为红色。

2）在画布中单击，闪烁的光标处即为输入文字的插入点，如图 6-2 所示。

3）在光标处输入文字后，单击工具选项栏中的"提交所有当前编辑"按钮 ✔ 或按Ctrl+Enter 组合键即可完成输入操作，如图 6-3 所示。

图 6-2

图 6-3

4）单击"图层"面板上的 按钮，在下拉列表中选择"描边"选项，在打开的"图层样式"对话框中设置"大小"为 29 像素、"颜色"为白色，如图 6-4 所示；选择"投影"选项，在打开的"图层样式"对话框中设置"混合模式"的颜色为红色、"距离"为 53 像素，如图 6-5 所示。设置完成后效果如图 6-6 所示。

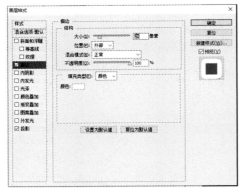

图 6-4

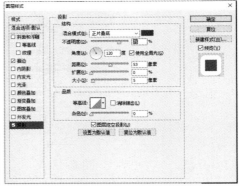

图 6-5

图 6-6

任务二　社会主义核心价值观——段落文字

在任务一中为海报制作点文字后，本任务将制作图 6-1 所示下部的段落文字。

实现过程

1）选择文字工具，在画布中拖动出一个文本框。在文本框中输入文字内容，然后单击工具选项栏中的"提交所有当前编辑"按钮 或按 Ctrl+Enter 组合键确认输入，如图 6-7 和图 6-8 所示。

2）单击工具选项栏中的 按钮，打开"字符"面板，通过设置"行间距"和"字间距"调整段落文字的间距，如图 6-9 所示。

3）在段落文字内单击，显示文本框。将鼠标指针放置在文本框的控制点上，待形状变为双向箭头时，拖动即可改变文本框的大小；将鼠标指针放置在 4 个角点位置上，待形状变为箭头时，可以旋转文本框，从而改变整个段落文字的方向。

图 6-7

图 6-8

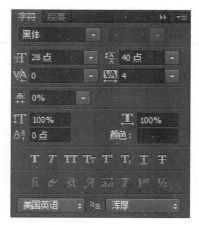
图 6-9

技巧与提示

　　段落文字和点文字的最大区别是：点文字是在画布中的文本插入点后输入文字；段落文字是在画布中拖动出的一个文本框中输入文字。在输入段落文字时，当文字长度达到文本框边缘时，文字会自动换行。在对大量文字进行排版时经常使用段落文字。

任务三　社会主义核心价值观——路径文字

在 Photoshop 中可以使文字沿着指定的路径进行排列，从而实现各种特殊效果。

实现过程

1）使用椭圆选框工具，按住 Shift 键，在画布中绘制如图 6-10 所示的正圆形。

2）选择工具选项栏中的 填充: ，设置填充色为"无颜色"，如图 6-11 所示。

3）选择文字工具，在工具选项栏中设置适当的字体、字号和颜色。

4）将鼠标指针放置在创建的路径上，当变为 形状时单击，从而确定文字在路径上的起始位置。最终效果如图 6-12 所示。

图 6-10

图 6-11

图 6-12

5）如果需要修改文字的字体、字号和颜色，则可以在选择文字工具后将文字选中，通过工具选项栏重新设置文字属性。

 **答疑解惑**

一、横排文字与直排文字

在使用文字工具输入文字时，可以通过以下两种方法来选择使用横排文字或直排文字。

① 长按文字工具，从打开的下拉列表中选择"横排文字工具"或"直排文字工具"，如图 6-13 所示。

图 6-13

② 单击工具选项栏中的"更改文本方向"按钮 ，可以设置横排文字或直排文字。工具选项栏如图 6-14 所示。

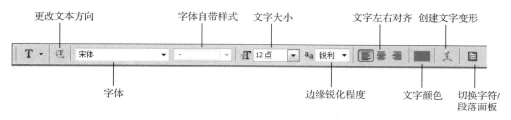

图 6-14

二、格式化文字

输入完成的文字可以通过"字符"面板来设置字符的属性。

1）选择文字工具，双击画布中的文字内容。

2）单击工具选项栏中的"切换字符/段落面板"按钮，打开"字符"面板，如图 6-15 所示。

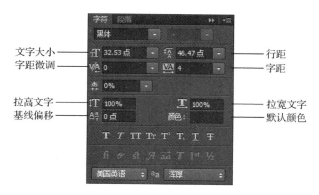

图 6-15

三、格式化段落

在"段落"面板中可以为大段文字设置对齐方式和缩进等属性。单击工具选项栏中的"切换字符/段落面板"按钮，打开"段落"面板，如图 6-16 所示。

图 6-16

技巧与提示

调用文字工具的快捷键为 T，确定文字输入可按 Ctrl+Enter 组合键。

四、转换文字

使用文字工具在画布上输入文字后，会形成单独的文字图层。在 Photoshop 中，许多编辑工具与命令在文字图层中都无法使用，因此后期如果想对文字图层进行编辑操作，就必须将文字图层转换成普通图层，即栅格化文字图层，方法是：执行"图层"→"栅格化"→"文字"命令。

在栅格化后的文字图层中不可更改文字内容，但是可以使用图像编辑工具和命令对文字进行美化处理。

一、制作吸烟有害健康海报（见图 6-17）

图 6-17

操作视频

步骤分析图（见图 **6-18** 至图 **6-21**）

图 6-18

图 6-19

图 6-20

图 6-21

📝 知识点提示

图层样式。

二、制作路站牌（见图 6-22）

图 6-22

操作视频

步骤分析图（见图 6-23 至图 6-26）

图 6-23

图 6-24

图 6-25

图 6-26

知识点提示

渐变工具、钢笔工具和自由变换（Ctrl+T）。

三、制作双节同庆宣传海报（见图 6-27）

图 6-27

操作视频

步骤分析图（见图 6-28 至图 6-31）

图 6-28

图 6-29

图 6-30

图 6-31

课堂反馈

初学者在使用 Photoshop 时如果使用文字工具打不出字，则可能有以下原因。

① 字体问题。试试是否能输入英文，如果可以输入英文，那就是字体选择的问题。有的字体并不是所有文字都支持，个别字体在输入有些文字的时候会出现漏字的现象。

② 文字太小。正确的方法是，先设置文字大小，然后输入文字。

③ 输入文字的颜色是否与背景色一样，如果一样，则不易分辨。

④ 注意文字工具的选择，前面两个工具可以输入文字，后面两个工具输入的是文字选区。

证 书 相 关

1．工具箱中有几个文字工具？（　　　）

A．1　　　　　　　　B．2　　　　　　　　C．3　　　　　　　　D．4

2．当要对文字图层使用滤镜时，首先应当（　　　）。

A．转换图层

B．在"滤镜"菜单下选择一个滤镜命令

C．确认文字图层和其他图层没有链接

D．使这些文字变成选取状态，然后在"滤镜"菜单下选择一个滤镜命令

3．关于文字图层，错误的描述是（　　　）。

A．使用变形可以扭曲文字，将文字变形为扇形

B．变形样式是文字图层的一个属性

C．使用变形可以扭曲文字，但无法将文字变为波浪形

D．对文字图层应用"编辑"菜单中的变换命令后，仍能编辑文字

4．文字图层中的哪些文字信息可以进行修改和编辑？（　　　）

A．文字颜色　　　　B．文字内容　　　　C．文字大小　　　　D．文字的排列方式

5．段落文字可以进行如下哪些操作？（　　　）

A．缩放　　　　　　B．旋转　　　　　　C．剪切　　　　　　D．倾斜

6．Photoshop 中文字的属性可以分为哪两部分？（　　　）

A．字符　　　　　　B．段落　　　　　　C．水平　　　　　　D．垂直

7．判断：文字图层转换为普通图层后仍能进行弯曲处理。（　　　）

8．判断：由文字转换的工作路径可以像任何其他路径那样执行存储、填充和描边等编辑操作。（　　　）

9．判断：使用填充快捷键无法更改文字图层的文字颜色。（　　　）

10．判断：使用网络上下载的字体和素材不会出现版权问题。（　　　）

课 堂 笔 记

课堂内容	知识掌握情况	需要帮助地方
点文字的输入		
段落文字的输入		
路径文字的输入		
你还掌握了哪些知识？		

（续表）

（续表）

模块七

超乎想象的变化——滤镜

任务一　木板纹理

任务引入

小商和校校去了一次建材市场，进入一家地板专卖店，看见其中一块木地板的纹理很漂亮，如图 7-1 所示。是否能用 Photoshop 做出木板的纹理效果呢？下面就来试一试。

图 7-1

任务分析

1．图 7-1 中的图像有什么特点？

2．图 7-1 中的图像由哪些颜色构成？

实现过程

1）新建一个"宽度"为"500 像素"、"高度"为"300 像素"、"分辨率"为 72 像素/英寸、"颜色模式"为"RGB 颜色"的文件，如图 7-2 所示。

图 7-2

2）将前景色设置为淡暖褐、背景色设置为深黑暖褐，然后选择"滤镜"→"渲染"→"云彩"命令，如图 7-3 所示。效果如图 7-4 所示。

图 7-3

图 7-4

3）选择"滤镜"→"杂色"→"添加杂色"命令，如图 7-5 所示。在打开的"添加杂色"对话框中，将"数量"设置为 20%、"分布"设置为"高斯分布"，选中"单色"复选框，如图 7-6 所示。效果如图 7-7 所示。

图 7-5

图 7-6

图 7-7

4）选择"滤镜"→"模糊"→"动感模糊"命令，如图 7-8 所示。在打开的"动感模糊"对话框中，将"角度"设置为 0 度、"距离"设置为 999 像素，如图 7-9 所示。效果如图 7-10 所示。

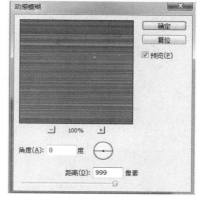

图 7-8　　　　　　　　　　　　　　　　图 7-9

5）选择矩形选框工具，在图片任意地方框选出一个横长条的选区，如图 7-11 所示。

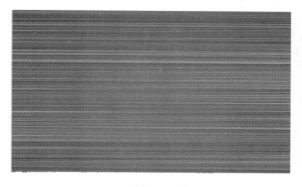

图 7-10　　　　　　　　　　　　　　　　图 7-11

6）选择"滤镜"→"扭曲"→"旋转扭曲"命令，如图 7-12 所示。在打开的"旋转扭曲"对话框中，角度保持默认设置即可，如图 7-13 所示。然后重复步骤 5）和步骤 6），在图片的不同位置为木板制作出年轮效果。

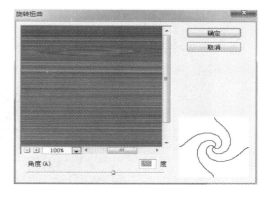

图 7-12　　　　　　　　　　　　　　　　图 7-13

7）现在图片显得有点暗，可以选择"图像"→"调整"→"亮度/对比度"命令，如图 7-14 所示。在打开的"亮度/对比度"对话框中，设置"亮度"值为 48、"对比度"值为 22，如图 7-15 所示。调整后的效果如图 7-16 所示。

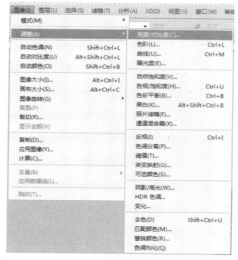

图 7-14

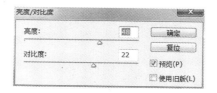

图 7-15

8）最后使用加深工具让图片更美观，深浅程度可根据个人喜好自行调整，如图 7-17 所示。

图 7-16

图 7-17

任务二 灿烂的星空

任务引入

晚上，小商与校校去山顶看星星，满天的星星一闪一闪，仿佛触手可及。他们想用 Photoshop 做一张星空图留作纪念，如图 7-18 所示。

图 7-18

任务分析

1．星空有什么特点？

2．根据掌握的知识，试分析图 7-18 用到了哪些知识点？

实现过程

1）新建一个"宽度"为"500 像素"、"高度"为"500 像素"，"颜色模式"为"RGB 颜色"的文件。按 Ctrl+Delete 组合键为背景填充黑色。

2）选择画笔工具，在"画笔"面板中设置画笔选项。设置"画笔笔尖形状"下的"大小"为 4px、"间距"为 984%，如图 7-19 所示；设置"形状动态"下的"大小抖动"为 75%，如图 7-20 所示；设置"散布"下的"散布"值为 1 000%，如图 7-21 所示。

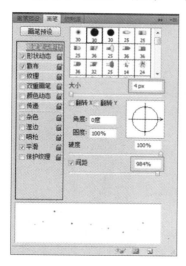　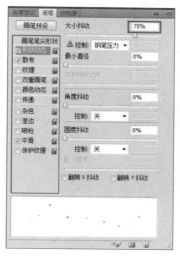　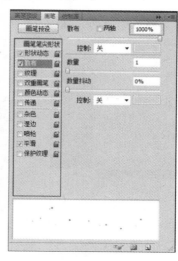

图 7-19　　　　　　　　　　图 7-20　　　　　　　　　　图 7-21

3）使用画笔工具在画布上任意画一些点，如图 7-22 所示。按 Ctrl+R 组合键，显示标尺。选择"视图"→"新建参考线"命令，在坐标点（250，250）处创建水平和垂直参考线，如图 7-23 所示。

图 7-22　　　　　　　　　　　　　图 7-23

4）新建一个图层。选择渐变工具，按住 Shift 键从中心向外填充渐变色。一定要注意从中心向外拉，效果如图 7-24 所示。图层模式设置为"滤色"，如图 7-25 所示。

Photoshop 基础实用教程（第2版）

5）选择"滤镜"→"扭曲"→"旋转扭曲"命令，如图 7-26 所示。在打开的"旋转扭曲"对话框中，设置"角度"值为 444 度，如图 7-27 所示。效果如图 7-28 所示。

图 7-24

图 7-25

110

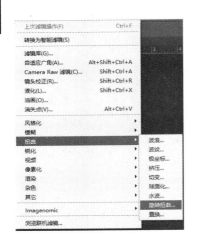

图 7-26

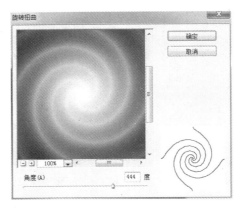

图 7-27

图 7-28

6）选择"滤镜"→"扭曲"→"极坐标"命令，如图 7-29 所示。在打开的"极坐标"对话框中，选中"极坐标到平面坐标"单选按钮，如图 7-30 所示。效果如图 7-31 所示。

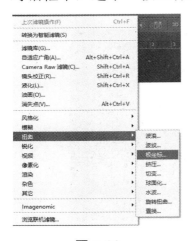

图 7-29

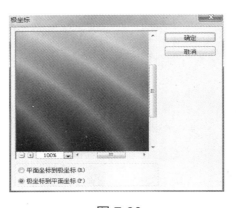

图 7-30

图 7-31

7）调整图层的尺寸大小，按 Ctrl+T 组合键进行变换，并将其移至画布的上半部分，如图 7-32 所示。复制该图层，如图 7-33 所示。将其移至画布的下半部分，选择"编辑"→

"变换"→"垂直翻转"命令，对其进行垂直翻转，如图 7-34 所示。注意，这两个图层一定要与参考线对齐。最后，将这两个图层合并，如图 7-35 所示。

图 7-32

图 7-33

图 7-34

图 7-35

8）选择"滤镜"→"扭曲"→"极坐标"命令，如图 7-36 所示。在打开的"极坐标"对话框中，选中"平面坐标到极坐标"单选按钮，形成旋转效果，如图 7-37 所示。效果如图 7-38 所示。

图 7-36

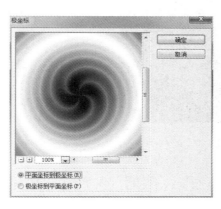

图 7-37

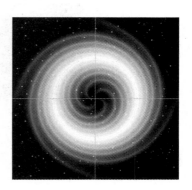

图 7-38

9）新建一个图层，如图 7-39 所示。为该图片添加一个彩虹渐变，如图 7-40 所示。将图层模式设置为"颜色"，如图 7-41 所示。制作出五彩斑斓的效果，如图 7-42 所示。

图 7-39

图 7-40

图 7-41

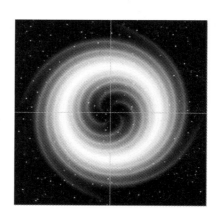

图 7-42

10）按 Ctrl+T 组合键对图层进行变换，调整成想要的样子，如图 7-43 所示。按 Ctrl+J 组合键复制两个图层，分别调整大小与位置，如图 7-44 所示。最终效果见图 7-18。

图 7-43

图 7-44

任务三　燃烧的文字

任务引入

小商和校校结伴去山上露营。他们在夜晚点燃篝火聊天，看着木头上跳跃的火苗，校校突发奇想，想用 Photoshop 制作出燃烧的文字，如图 7-45 所示。

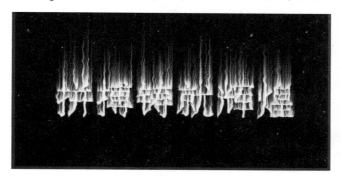

图 7-45

任务分析

1．火焰字有什么特点？

2．火焰效果是如何实现的？

实现过程

1）新建一个"宽度"为"800 像素"、"高度"为"400 像素"、"颜色模式"为"RGB 颜色"、"名称"为"火焰字"的文件，如图 7-46 所示。按 Ctrl+Delete 组合键为背景填充黑色。

2）选择文字工具，在画布上输入文字"拼搏铸就辉煌"，如图 7-47 所示。

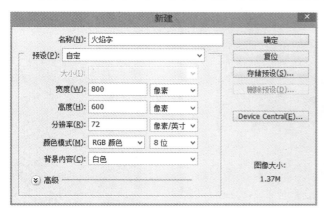

图 7-46

图 7-47

3）右击"图层"面板上的"拼搏铸就辉煌"文字图层，选择"栅格化文字"命令（见图 7-48），将文字变成图层。

图 7-48

4）选中"拼搏铸就辉煌"图像图层，选择"图像"→"图像旋转"→"90 度（顺时针）"命令，如图 7-49 所示。效果如图 7-50 所示。

图 7-49　　　　　　　　　　　　　　　　图 7-50

5）选择"滤镜"→"风格化"→"风"命令，如图 7-51 所示。在打开的"风"对话框中，将"方法"设置为"风"、"方向"设置为"从左"，如图 7-52 所示。执行三四次这样的操作（可以按 Ctrl+F 组合键来重复执行上一次命令）。效果如图 7-53 所示。

图 7-51　　　　　　　　　　图 7-52　　　　　　　　　　图 7-53

6）将"拼搏铸就辉煌"图像逆时针旋转 90°。选择"滤镜"→"扭曲"→"波纹"命令，如图 7-54 所示。在打开的"波纹"对话框中，将"数量"设置为 65%、"大小"设置为"中"，如图 7-55 所示。

图 7-54

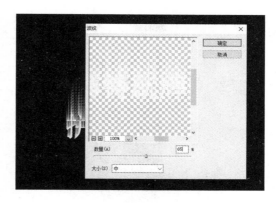

图 7-55

7）现在给文字添加颜色。选择"图像"→"模式"→"灰度"命令（见图7-56），将图片变灰，此时将会弹出提示对话框。单击"拼合"按钮，如图7-57所示。选择"图像"→"模式"→"索引颜色"命令，再选择"图像"→"模式"→"颜色表"命令，如图7-58所示。在打开的"颜色表"对话框中，将"颜色表"设置为"黑体"，然后单击"确定"按钮，如图7-59所示。至此，燃烧的文字效果就完成了，见图7-45。

图 7-56

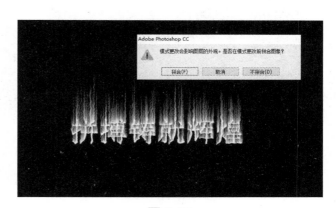

图 7-57

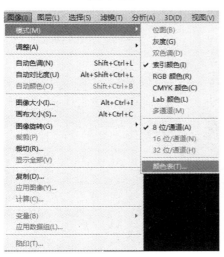

图 7-58

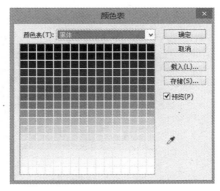

图 7-59

一、制作水波纹（见图 7-60）

操作视频

图 7-60

步骤分析图（见图 7-61 和图 7-62）

图 7-61

图 7-62

知识点提示

选择"滤镜"→"模糊"→"动感模糊"命令、"滤镜"→"扭曲"→"水波"命令、"滤镜"→"渲染"→"光照效果"命令，新建图层；使用渐变工具。

二、制作水墨画（见图 7-63）

watercolor effect

操作视频

图 7-63

步骤分析图（见图 7-64 至图 7-67）

图 7-64

图 7-65

图 7-66

图 7-67

知识点提示

　　将图层转换为智能对象。选择"滤镜"→"艺术效果"→"干画笔"（10,5,1），再次应用"滤镜"→"艺术效果"→"干画笔"（6,4,1）。通过"图层"面板中图层智能滤镜中最上方的"干画笔"右侧小图标，将混合模式改为"滤色"，透明度降至 50%。选择"滤镜"→"模糊"→"特殊模糊"命令；选择"滤镜"→"画笔描边"→"喷溅"命令；选择"滤镜"→"风格化"→"查找边缘"命令；将滤镜的混合模式改为"正片叠底"，透明度降至70%。最后使用图层蒙版涂抹。

三、制作冰冻字（见图 7-68）

操作视频

图 7-68

步骤分析图（见图 7-69 和图 7-70）

图 7-69   图 7-70

📖 知识点提示

选择"滤镜"→"像素化"→"晶格化"命令；选择"滤镜"→"像素化"→"碎片"命令；选择"滤镜"→"杂色"→"添加杂色"命令；选择"滤镜"→"模糊"→"高斯模糊"命令；旋转画布；选择"滤镜"→"风格化"→"风"命令；调整色相/饱和度着色。

- 文字图层要转换为普通图层，才可以进行编辑操作。
- 风滤镜中风吹的方向只能是从左边或是从右边，所以本模块中的案例为了达到火焰向上的效果，需要执行"自由变换"命令或按 Ctrl+T 组合键将图像旋转 90°，使用完滤镜后再旋转回来。
- 按 Ctrl+F 组合键可以重复执行上一次滤镜操作。

1．重建工具是（　　　）滤镜组的工具。

A．风滤镜   B．模糊滤镜

C．杂色滤镜   D．液化滤镜

2．模糊滤镜的作用是（　　　）。

A．提高分辨率   B．降低图像的对比度

C．增加明度   D．使图像变暗

3．晶格化效果在"滤镜"菜单中的（　　　）组。

A．扭曲   B．锐化   C．像素化   D．渲染

在线测试

Photoshop 基础实用教程（第 2 版）

4．重复上一次使用的滤镜的组合键是（   ）。

A．Ctrl+Alt   B．Ctrl+F   C．Alt+F   D．Ctrl+Enter

5．下列不属于扭曲滤镜的命令是（   ）。

A．球面化   B．挤压   C．彩块化   D．极坐标

6．判断：滤镜工具包括风格化、扭曲、渲染、杂色、像素化等。（   ）

课 堂 笔 记

课堂内容	知识掌握情况	需要帮助的地方
风格化		
像素化		
模糊		
扭曲		
极坐标		
你还掌握了哪些知识？		

模块八

成长的阶梯

小商和校校在 Photoshop 的奇妙世界里畅游了一圈，现在他们想把自己学到的知识综合应用起来，比一比谁对 Photoshop 掌握得好。

第一阶梯　见习魔法师

任务一　班级 LOGO

任务效果图（见图 8-1）

博学善思，团结自立

平面设计三班

图 8-1

操作视频

实现过程

1）按 Ctrl+N 组合键，打开"新建"对话框，如图 8-2 所示。设置大小、分辨率及颜色模式，然后单击"确定"按钮。

2）选择椭圆工具绘制椭圆形，调整至合适大小并填充颜色，如图 8-3 所示。

3）复制该图层，按 Ctrl+T 组合键，将椭圆形向左旋转一定的角度，并调整大小、位置及填充颜色，如图 8-4 所示。

4）同理，制作右侧的椭圆，如图 8-5 所示。

5）再次选择椭圆工具，按住 Shift 键在画布上拖拽出一个正圆形，并调整大小、位置及填充颜色，如图 8-6 所示。

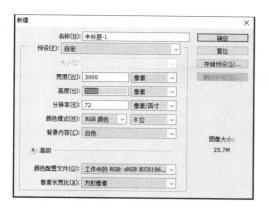

图 8-2

图 8-3

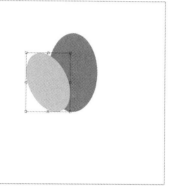

图 8-4

图 8-5

图 8-6

6）选择钢笔工具，在椭圆下方绘制一个三角形，如图 8-7 所示。在三角形的上边和下边中间位置添加锚点，调整成如图 8-8 和图 8-9 所示的形状。最终图形如图 8-10 所示。

图 8-7

图 8-8

图 8-9

图 8-10

7）选择文字工具，输入文字"博学善思，团结自立"。设置字体为"黑体"、字号为150，并调整位置，如图 8-11 所示。

8）选择文字工具，输入文字"平面设计三班"。设置字体为"黑体"、字号为300，并调整位置，最终效果如图 8-12 所示。

图 8-11　　　　　　　　　　　　　图 8-12

任务二　印章

任务效果图（见图 8-13）

操作视频

图 8-13

实现过程

图 8-14

1）打开素材文件"图章.jpg"，如图 8-14 所示。

2）选择椭圆工具，按住 Shift 键绘制一个正圆形，将填充颜色取消，描边数值设置为 10，如图 8-15 所示。再绘制内部的圆形，将填充颜色取消，描边数值设置为 4，如图 8-16 所示。

3）复制这两个圆形的图层，执行"自由变换"命令（按 Ctrl+T 组合键），将两个圆形变小，如图 8-17 所示。

4）选择内部最小的圆形，执行"自由变换"命令（按 Ctrl+T 组合键）将其变大，如图 8-18 所示。将其作为环绕文字的路径，并使用文字工具输入文字内容，调整字体、字号及位置。

图 8-15

图 8-16

图 8-17

图 8-18

5）同理，制作下面的文字内容，最终效果如图 8-19 所示。

6）选择圆角矩形工具，设置半径为 15 像素、描边为 10 点，如图 8-20 所示。

图 8-19

图 8-20

7）绘制矩形内部的形状，设置半径为 4 像素、描边为 4 点，放置到合适的位置上，如图 8-21 所示。

8）选择文字工具，输入"保证正品"，字体为方正粗黑宋简体，如图 8-22 所示。

9）新建图层，选择自定形状工具，在工具选项栏的"形状"下拉列表框中选择"星形"，如图 8-23 所示。按住键盘上的 Shift 键，绘制正五角星形状，按住 Ctrl+J 组合键进行图层复制，得到一个新的五角星形状，依次再复制 3 个，调整大小，并放置到正确的位置上。最终效果如图 8-24 所示。

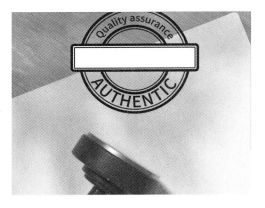

图 8-21

图 8-22

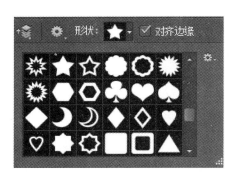

图 8-23

图 8-24

10）调整好位置后，得到了下方的 5 个五角星。在"图层"面板中，按住 Ctrl 键，依次选中 5 个"星形"图层，将其放置在图层组中。

11）复制图层组，生成"组 1 拷贝"图层组，按 Ctrl+T 组合键，将其进行垂直翻转操作。

12）选中当前图层组，使用移动工具，将其放置在矩形上方。

任务三　校标

任务效果图（见图 8-25）

图 8-25

操作视频

实现过程

1）按 Ctrl+N 组合键，打开"新建"对话框，如图 8-26 所示。设置大小、分辨率及颜色模式，然后单击"确定"按钮。

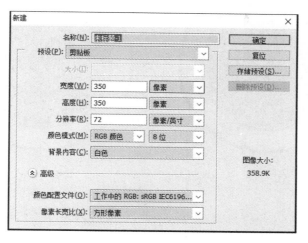

图 8-26

2）按住 Shift 键，使用椭圆选框工具绘制一个正圆形，如图 8-27 所示。选择"图层"面板底部的"添加图层样式"→"描边"选项，设置大小为 6 像素，设置 CMYK 颜色为 100、96、38、0，结果如图 8-28 所示。

图 8-27

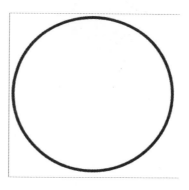

图 8-28

3）复制图层，执行"自由变换"命令将圆形缩小，如图 8-29 所示。再次复制图层，使用椭圆选框工具绘制一个正圆形，设置 CMYK 颜色为 100、96、38、0，结果如图 8-30 所示。

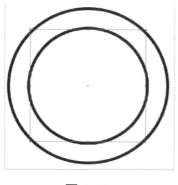

图 8-29

图 8-30

4）选择钢笔工具，绘制一个路径，如图 8-31 所示。再选择文字工具，沿着路径添加文字内容，设置字体为华文行楷、字号为 30，结果如图 8-32 所示。

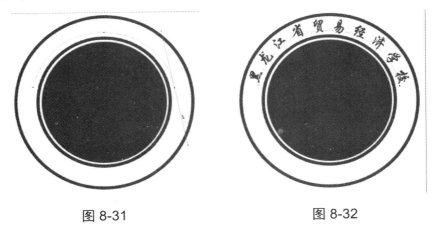

图 8-31   图 8-32

5）按照步骤 4），输入下部文字，设置字体为黑体、字号为 13，结果如图 8-33 和图 8-34 所示。

图 8-33   图 8-34

6）选择钢笔工具绘制校标中部的小鸟图案，将路径转换成图案选取后填充白色，如图 8-35 和图 8-36 所示。

图 8-35   图 8-36

7）再次选择钢笔工具，绘制红色线条及小鸟的嘴部，如图 8-37 所示。

8）选择文字工具，输入 1 956，设置字体为黑体、字号为 25，并调整到合适位置。最终效果如图 8-38 所示。

图 8-37

图 8-38

第二阶梯 初级魔法师

任务一 手提包宣传页（电商专业考证内容）

字体的情感特性与分类

1. 字体的分类

字体是视觉传达设计的关键元素之一，从视觉形态的角度可把文字分为中文字体和英文字体两大类：中文字体主要包括宋体系、黑体系、圆体系、书法系；英文字体包括旧式体系、现代体系、粗衬线系、无衬线系、手写体系。

2. 字体的情感特性

从视觉传达角度看，字体的笔画由点线面构成，这些构成元素的组合能呈现出不同的情感特性，产生不同的消费者心理反应。一般来说，笔画较粗的字体表现出沉稳、阳刚和硬朗的情感特性，笔画较细则会有文艺、秀气、高雅的情感表现。设计者可以根据消费人群的实际需求和主题的不同选择带有不同情感的字体进行编排设计。

任务效果图（见图 8-39）

图 8-39

操作视频

实现过程

1）按 Ctrl+N 组合键，打开"新建"对话框，如图 8-40 所示。设置大小、分辨率及颜色模式，然后单击"确定"按钮。

2）先添加一个背景颜色，然后使用钢笔工具在画面上画出深蓝色图形，并添加投影效果，如图 8-41 所示。

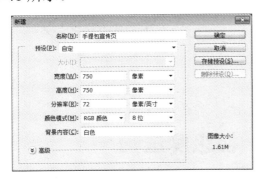

图 8-40　　　　　　　　　　　　　　　　图 8-41

3）选择横排文字工具，设置字体为"黑体"、大小为 72 点，颜色选项如图 8-42 所示。输入主标题文字。随后修改字体大小为 60 点，设置颜色选项如图 8-43 所示。输入副标题文字。使用同样方式添加宣传标语，字体大小及排列要求错落有致、分布均匀且可识别性强。最终效果如图 8-44 所示。

图 8-42　　　　　　　　　　　　　　　　图 8-43

4）使用矩形选框工具和多边形套索工具为文字添加底纹及分割装饰线条，在丰富画面的同时使文字更加规整。最终效果如图 8-45 所示。

图 8-44　　　　　　　　　　　　　　　　图 8-45

5）将手提包素材图片载入画面，按住 Ctrl+T 组合键调整至合适大小，再使用移动工具将素材图片移动到合适的位置，并完成设计。

任务二 十三朝古都——西安天气插件（UI 界面设计考证内容）

任务效果图（见图 8-46）

操作视频

图 8-46

实现过程

1）按 Ctrl+N 组合键，打开"新建"对话框，如图 8-47 所示。设置文件的大小、分辨率及颜色模式，然后单击"确定"按钮。

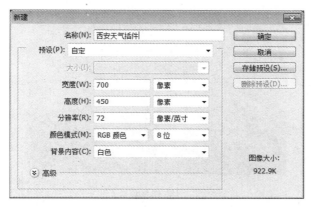

图 8-47

2）使用矩形选框工具绘制矩形，并选择渐变工具，在"渐变编辑器"对话框中设置相关选项，如图 8-48 所示。绘制渐变色背景，如图 8-49 所示。

图 8-48

图 8-49

3）使用矩形选框工具和多边形套索工具绘制出西安著名地标建筑大雁塔，并将图层分组命名为"组 1 大雁塔"。按住 Ctrl+T 组合键将组 1 缩放至合适大小，移动到合适区域。效果如图 8-50 所示。

图 8-50

4）使用钢笔工具绘制出草地，按 Ctrl+Enter 组合键将路径转换为选区，并填充绿色。再用同样的方法绘制出深色的草地和河流，为最前面的草地图层添加投影效果，突出立体效果，如图 8-51 所示。

图 8-51

5）使用椭圆选框工具绘制椭圆形，填充颜色为深绿色。复制该图层，颜色叠加为中绿色。按 Ctrl+T 组合键，再按住 Shift+Alt 键从椭圆中心等比缩放约 2 厘米。使用上述步骤再绘制一个更小的椭圆形，形成渐变效果。最后将 3 个图层选中，按 Ctrl+E 组合键合并图层，就制作出一组小树苗。复制合并图层并调整大小，添加投影效果。最终效果如图 8-52 所示。

图 8-52

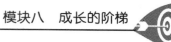

6）使用椭圆选框工具按住 Shift 键绘制一个正圆形。单击渐变工具，在"渐变编辑器"对话框中设置相关选项，如图 8-53 所示。从圆形上方至下方垂直下拉，做出渐变效果。再使用圆角矩形工具绘制出扁平云朵图标，按住 Alt 键复制出多个图标后调整透明度，呈现出近实远虚的空间效果。最终效果如图 8-54 所示。

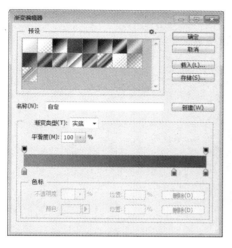

图 8-53

图 8-54

7）使用横排文字工具，选择宋体，设置文字大小为 30 点、颜色为白色，输入时间及地点信息。修改颜色选项如图 8-55 所示。输入详细文字内容，最终效果如图 8-56 所示。

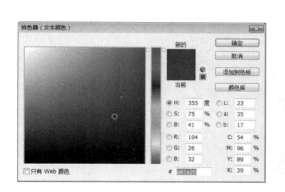

图 8-55

图 8-56

8）将"仙鹤素材""闹钟图标""刷新图标"拖至合适位置，完成全部设计。

任务三　品牌女包 banner（电商专业考证内容）

任务效果图（见图 8-57）

图 8-57

实现过程

1）选择"文件"→"新建"命令，打开"新建"对话框。设置"名称"为"品牌女包banner"，设置"宽度"为950、单位为"像素"，设置"高度"为250、单位为"像素"，"分辨率"默认设置为72像素/英寸，如图8-58所示。

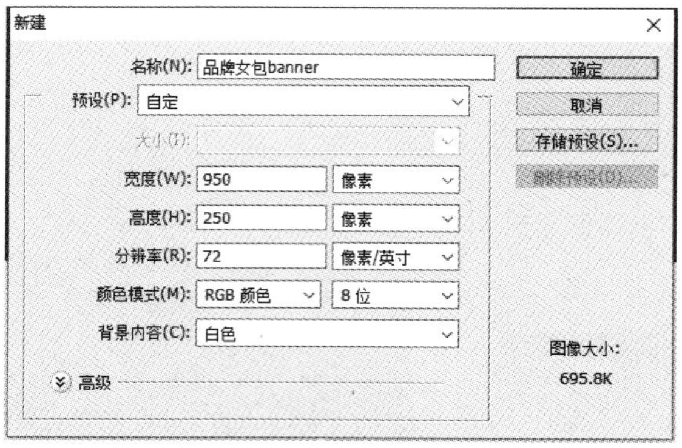

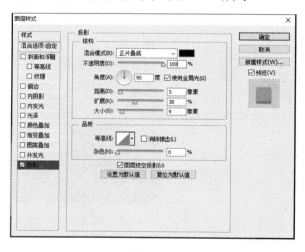

图 8-58

2）新建一个图层，使用矩形选框工具绘制与画布同样大小的矩形。选择渐变工具制作渐变背景，再新建一个图层，绘制一个矩形。填充白色，调节透明度为20%。选择图层样式，设置选项如图8-59所示。最终背景效果如图8-60所示。

图 8-59

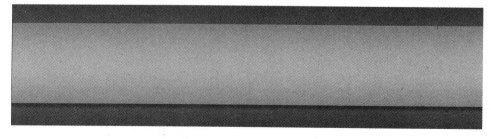

图 8-60

3）使用横排文字工具，输入英文"LUXURIOUS"，调整大小与位置。右击文字图层，选择"栅格化图层"命令。按住 Ctrl 键单击图层，使图层转换为选区，如图8-61所示。再使用渐变工具，为文字添加渐变效果，如图8-62所示。

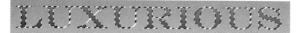

图 8-61

图 8-62

4）使用文字工具在画布上部输入文字。

5）使用单行选框工具绘制一个横线，填充棕色，再按住 Ctrl+T 组合键调整大小和位置。最终效果如图 8-63 所示。

图 8-63

6）将素材图片"商务包"添加到画布合适的位置。使用多边形套索工具绘制一个梯形，再使用渐变工具，选择"从前景色到透明"，并填充，如图 8-64 所示。

7）使用同样的方法，为粉色手提包添加投影，如图 8-65 所示。绘制完成后的效果如图 8-66 所示。

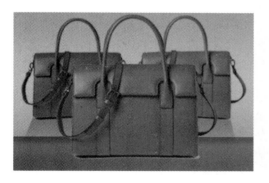

图 8-64

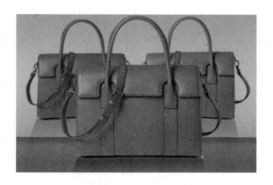

图 8-65

图 8-66

第三阶梯　中级魔法师

任务一　网页导航设计

操作视频

任务效果图（见图 8-67）

康健 **Health**

图 8-67

实现过程

1）新建文件。设置"宽度"为"1 000 像素"、"高度"为"70 像素"，"分辨率"默认为 72 像素/英寸。

2）选择"文件"→"打开"命令，打开"网页元素设计素材 1-LOGO.png"文件，把素材图片导入新建文件中。

3）新建图层，命名为"白边"。利用钢笔工具绘制路径，并将其转换为选区。效果如图 8-68 所示。

图 8-68

4）对图层"白边"进行操作。使用渐变工具，在当前选区内填充从白到灰渐变色。效果如图 8-69 所示。

图 8-69

5）对当前图层进行图层样式设置，如图 8-70 所示。

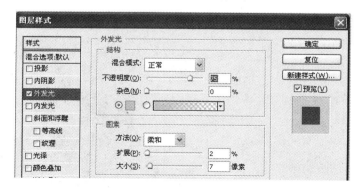

图 8-70

6）新建图层。利用矩形选框工具绘制矩形选区，并填充为红色。执行"自由变换"命令，对红色矩形进行 15.5°角的斜切操作。效果如图 8-71 所示。

图 8-71

7）利用步骤 6）的方法，进行其他颜色矩形块的制作。效果如图 8-72 所示。

图 8-72

8）将 6 个彩色图层合并，合并后进行图层样式操作。图层样式选项设置如图 8-73 所示。

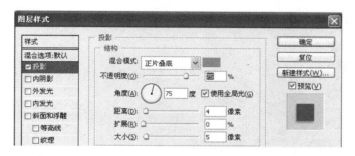

图 8-73

9）使用文字工具输入文字内容，得到如图 8-74 所示的效果。

图 8-74

10）新建图层。使用自定形状工具，找到会话气泡 形状 ，同时输入字母"HOT"。最终效果如图 8-75 所示。

图 8-75

任务二 科技企业网站栏目设计

任务效果图（见图 8-76）

操作视频

图 8-76

实现过程

1）选择"文件"→"新建"命令，设置"宽度"为"500 像素"、"高度"为"90 像素"，默认"分辨率"为 72 像素/英寸。

2）选择矩形选框工具，按住键盘上的 Shift 键，绘制正方形，如图 8-77 所示。

3）选择"选择"→"修改"→"平滑"命令，设置"取样半径"为 3 像素，如图 8-78 所示。

图 8-77　　　　　　　　　　　　　图 8-78

4）对当前选区填充颜色，填充值为 R=204、G=204、B=102。

5）选择"图层"→"图层样式"命令，再选择"投影"选项，设置如图 8-79 所示。

6）选择文字工具，输入字母"GOODS"，选项设置如图 8-80 所示。

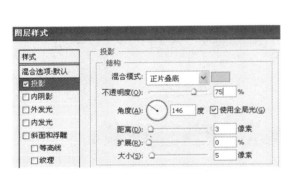

图 8-79　　　　　　　　　　　　　图 8-80

7）选择"编辑"→"自由变换"命令（或按 Ctrl+T 组合键），对字母进行旋转设置，角度为-45°。效果如图 8-81 所示。

8）选择文字工具，输入汉字"推荐产品"，选项设置如图 8-82 所示。

图 8-81　　　　　　　　　　　　　图 8-82

9）对当前图层进行图层样式设置，如图 8-83 所示。

10）选择自定形状工具，在工具选项栏中找到 形状：▶ 箭头形状。按 Ctrl+Enter 组合键，将路径转换为选区。填充颜色，填充值为 R=204、G=204、B=102。

11）选择"图层"→"图层样式"命令，再选择"投影"选项，设置如图 8-84 所示。

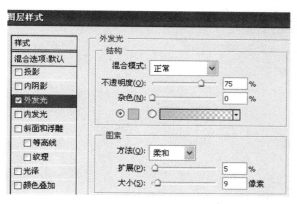

图 8-83

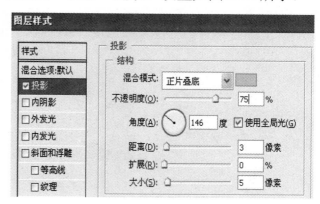

图 8-84

12）选择文字工具，输入字母"RECOMMEND PRODUCT"，选项设置如图 8-85 所示。设置完成后，得到如图 8-86 所示的效果。

图 8-85

图 8-86

13）新建图层。选择铅笔工具，画笔主直径为 1 像素。设置前景色为浅灰色，颜色值为 R=219、G=219、B=219。在画布上单击开始点，按住 Shift 键，再单击结束点，绘制一条直线。

14）选择铅笔工具，画笔主直径为 1 像素。设置前景色为淡灰色，颜色值为 R=233、G=233、B=233。在浅灰色线的下方，再绘制一条直线。效果如图 8-87 所示。

图 8-87

15）选择文字工具，输入字母"+MORE"，选项设置如图 8-88 所示。得到最终效果，如图 8-89 所示。

图 8-88

图 8-89

任务三　华义食品冷饮网站首页

任务效果图（见图 8-90）

图 8-90

操作视频

操作视频

操作视频

需求描述

为华义食品冷饮制作宣传网站首页效果图，其主要功能是向客户展示企业风貌、产品、新品，以进行网络销售。

技能要点

1．清新的蓝色，使用渐变体现色彩层次。

2．导航高光效果的应用，增强立体感。

3．页面主体背景造型的应用，使页面活泼生动。

4．渐变背景的应用，适应任何分辨率的浏览器。

布局设计（见图 8-91）

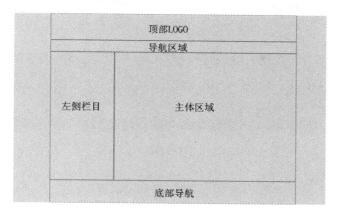

图 8-91

实现过程

（1）新建文件及布局

新建文件，设置大小为 1 250 像素×782 像素，文件名保存为 index.psd。打开标尺（按 Ctrl+R 组合键），建立 3 条水平参考线，位置分别为 109 像素、159 像素、242 像素；建立两条垂直参考线，位置分别为 129 像素、1 130 像素，如图 8-92 所示。

（2）制作背景

1）制作渐变。新建图层，命名为"背景"。设置前景色为#07c7ee、背景色为#1159cf。选择渐变工具，渐变颜色为前景到背景色，渐变类型为线性渐变，从文件上方向下方拖拽，如图 8-93 所示。

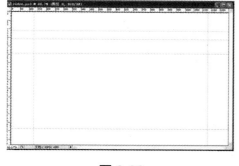

图 8-92

图 8-93

2）制作纹理。打开"气泡.jpg"文件，复制图片到 index.psd 文件中，置于文件底部，调整图片与垂直参考线 129 像素和 1 130 像素对齐。选择矩形选框工具，选中图片上半部分，按 Ctrl+Alt+D 组合键羽化选区，羽化半径为 30。按 Delete 键两次，删除上半部分图片，将图层不透明度改为 60%。

（3）制作顶部

新建一图层组，命名为"顶部"。打开"素材 1.psd"文件，复制 logo 到 index.psd 文件"顶部"图层组中，修改图层名为"logo"。按 Ctrl+T 组合键改变图像大小及位置，图像底部与水平参考线 109 像素对齐。打开"素材 6.png"文件，复制文字图片到 index.psd 文件"顶部"图层组中，修改图层名为"标题"，调整图像位置。按 T 键选择文字工具，字体为方正胖娃简体、大小为 14 点、颜色为白色，输入广告宣传文字。打开"素材 5.png"文件，复制图片到 index.psd 文件"顶部"图层组中，修改图层名为"企鹅形象"。效果如图 8-94 所示。

图 8-94

（4）制作导航

新建一图层组，命名为"导航"。组内新建一层，命名为"导航背景"。选择圆角矩形工具，设置模式为路径、半径为 35 像素，绘制宽为 652 像素、高为 40 像素的圆角矩形路径。按 Ctrl+Enter 组合键将路径转换为选区，设置前景色为#005bc9，按 Alt+Del 组合键用前景色填充选区。新建一图层，命名为"高光"。设置前景色为白色，选择渐变工具，设置颜色为从前景色到透明渐变、线性渐变，从选区上方至中心拖动调整图层不透明度为 80%。效果如图 8-95 所示。

图 8-95

新建一图层，命名为"直线"。设置前景色为白色，选择铅笔工具，沿垂直方向绘制 5 个白点，间隔 1 像素。选择文字工具，设置字体为黑体、大小为 12 点、颜色为白色、加粗，输入导航文字。打开"素材 3.jpg"文件，复制图片到 index.psd 文件"导航"图层组中，并调整图像位置。效果如图 8-96 所示。

图 8-96

（5）制作主体内容区

1）制作背景。新建一图层组，命名为"主体内容区"。组内新建一图层，命名为"主体背景"。选择圆角矩形工具，设置模式为路径、半径为 15 像素，绘制宽为 652 像素、高为 400 像素的圆角矩形路径。选择椭圆工具，在圆角矩形上方添加圆形。效果如图 8-97 所示。

图 8-97

按 Ctrl+Enter 组合键将路径转换为选区，设置前景色为# 81fff9、背景色为白色。选择渐变工具，设置颜色为前景色到背景色，从选区上方到选区中上部拖动渐变。效果如图 8-98所示。

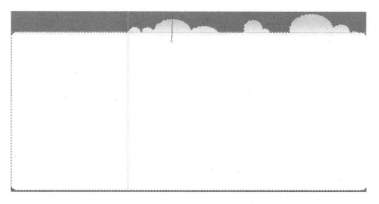

图 8-98

新建一图层，命名为"气泡"。选择椭圆选框工具，绘制一个小圆形，用白色填充选区。选择"编辑"→"描边"命令，设置大小为 1 像素、颜色为# 83fff9。添加投影图层样式，设置角度为 125 度、距离为 1 像素、大小为 5 像素。按 Ctrl+D 组合键取消选区，按 Alt 键复制"气泡"图层，调整大小及位置。效果如图 8-99 所示。

图 8-99

2）制作公告栏。新建一图层组，命名为"公告栏"。组内新建一图层，命名为"公告栏背景"。选择圆角矩形工具，设置模式为路径、半径为 5 像素，绘制宽为 230 像素、高为129 像素的圆角矩形路径。按 Ctrl+Enter 组合键将路径转换为选区，用白色填充选区。选择"编辑"→"描边"命令，设置大小为 3 像素、颜色为# ececec。新建一图层，命名为"标题背景"。选择圆角矩形工具，设置模式为路径、半径为 3 像素，绘制宽为 208 像素、高为

Photoshop 基础实用教程（第 2 版）

15 像素的圆角矩形路径。按 Ctrl+Enter 组合键将路径转换为选区，设置前景色为#afdf17、背景色为# 84a73f。选择渐变工具，设置颜色为前景色到背景色渐变，从选区上方至下方

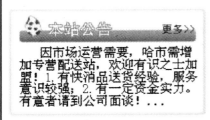

图 8-100

拖动渐变。打开"素材 7.png"文件，复制图片到 index.psd 中。选择文字工具，设置字体为黑体、大小为 14 点、颜色为白色，输入栏目标题。添加描边图层样式，大小为 1 像素、颜色为# a8a6a7。设置字体为黑体、大小为 10 点、颜色为# 695346，输入"更多"。设置字体为宋体、大小为 12 点、颜色为黑色，输入栏目内容。效果如图 8-100 所示。

打开"素材 2.jpg"文件，复制图片到 index.psd 中，置于公告栏下方。打开"素材 8.jpg"文件，复制图片到 index.psd 中，置于公告栏右侧。

3）制作新品介绍栏目。新建一图层组，命名为"新品介绍"。组内新建一图层，命名为"背景边框"。选择圆角矩形工具，设置模式为路径、半径为 3 像素，绘制宽为 196 像素、高为 170 像素的圆角矩形路径。按 Ctrl+Enter 组合键将路径转换为选区，用白色填充选区。选择"编辑"→"描边"命令，设置大小为 1 像素、颜色为# ececec。

新建一图层，命名为"标题背景"。选择圆角矩形工具，设置模式为路径、半径为 3 像素，绘制宽为 192 像素、高为 31 像素的圆角矩形路径。按 Ctrl+Enter 组合键将路径转换为选区，设置前景色为# 8ed903、背景色为# 338a00。选择渐变工具，设置从前景色到背景色渐变，从上至下拖动渐变。选择"编辑"→"描边"命令，设置大小为 1 像素、颜色为# 588119。

打开"素材 9.png"文件，复制图片到 index.psd 中。选择文字工具，设置字体为黑体、大小为 14 点、颜色为白色、加粗，输入"新品介绍"栏目标题。效果如图 8-101 所示。

图 8-101

新建一图层，命名为"背景条"。选择矩形选框工具，绘制宽为 189 像素、高为 19 像素的矩形选框，设置前景色为#dceccf，按 Alt+Delete 组合键用前景色填充选区。按 Ctrl+D 组合键取消选区，选择移动工具，按 Alt 键复制两个矩形条。效果如图 8-102 所示。

选择文字工具，设置字体为宋体、大小为 11 点、颜色为黑色，消除锯齿的方法为"无"，输入新品介绍栏目内容文字。新建一图层，命名为"按钮"，设置前景色为# 397c00。选择圆角矩形工具，设置模式为填充像素、半径为 3 像素，绘制宽为 41 像素、高为 11 像素的圆角矩形路径。选择文字工具，在按钮上输入文字。新品介绍栏目制作完成，效果如图 8-103 所示。

图 8-102

图 8-103

打开"素材 10.jpg"文件，复制图片到 index.psd 中，调整大小及位置，置于新品介绍栏目下方。

4）制作产品展示栏目。新建一图层组，命名为"产品展示"。组内新建一图层，命名为"背景边框"。选择圆角矩形工具，设置模式为路径、半径为 5 像素，绘制宽为 690 像素、高为 145 像素的圆角矩形路径。按 Ctrl+Enter 组合键将路径转换为选区，用白色填充选区。选择"编辑"→"描边"命令，设置大小为 3 像素、颜色为# ececec。

新建一图层，命名为"产品边框"。选择圆角矩形工具，设置模式为路径、半径为 5 像素，绘制宽为 102 像素、高为 86 像素的圆角矩形路径。按 Ctrl+Enter 组合键将路径转换为选区，用白色填充选区。选择"编辑"→"描边"命令，设置大小为 1 像素、颜色为# ececec。按 Ctrl+D 组合键取消选区，选择移动工具，按 Alt 键复制 5 个产品边框。为了体现网页中的滚动效果，将最后一个产品边框删除一部分。

打开产品素材图片，将相应图片复制到 index.psd 中，并调整大小及位置。选择文字工具，设置字体为宋体、大小为 11 点、颜色为黑色，消除锯齿的方法为"无"，输入相应产品名称文字。效果如图 8-104 所示。

图 8-104

（6）制作底部版权声明

选择文字工具，设置字体为宋体、大小为 11 点、颜色为白色，输入版权文字。

首页制作完成，整体效果如图 8-105 所示。

图 8-105

第四阶梯　高级魔法师

任务一　工匠精神海报

任务效果图（见图 8-106）

操作视频

图 8-106

实现过程

1）按 Ctrl+N 组合键，新建一个文件，命名为"工匠精神"。

2）打开素材图片"背景"放在画布中，按 Ctrl+T 组合键调整大小，如图 8-107 所示。

图 8-107

3）选择"图像"→"调整"→"去色"命令（组合键是 Shift+Ctrl+U），将图片去色，如图 8-108 所示。

4）按 Ctrl+L 组合键，调整图像色阶，如图 8-109 所示。

图 8-108　　　　　　　　　　　　图 8-109

5）打开素材图片"墨迹"，选择魔棒工具，快捷键为 W。单击背景颜色，按 Delete 键删除背景色。如图 8-110 所示，将其放置在作品中，然后调整大小，如图 8-111 所示。

图 8-110　　　　　　　　　　　　图 8-111

6）打开素材图片"工匠"，拖拽到"墨迹"上层。在"工匠"图层上右击，选择"创建剪切蒙版"命令，或者在按住 Alt 键的同时单击两个图层中间，如图 8-112 所示。生成效果如图 8-113 所示。

图 8-112　　　　　　　　　　　　图 8-113

7）选择文字工具，输入主题"工匠精神"。选择"叶根友毛笔字体"，设置字体大小为 130 点。效果如图 8-114 所示。

图 8-114

8）选择文字图层，新建调整图层"渐变填充"，并调整渐变效果，如图 8-115 所示。生成效果如图 8-116 所示。

图 8-115

图 8-116

9）选择文字工具，输入文字内容。效果如图 8-117 所示。

图 8-117

10）选择文字工具，输入文字"精益求精勇于创新"等，填充白色。选择椭圆选框工具，按住 Alt 键绘制字体背景正圆，再选择"画笔 B"绘制装饰横线。效果如图 8-118 所示。

图 8-118

11）选择矩形选框工具，绘制页面上下红色装饰矩形。最终完成效果如图 8-119 所示。

图 8-119

任务二　APP 界面

任务效果图（见图 8-120）

操作视频

图 8-120

实现过程

1）按 Ctrl+N 组合键，新建一个 750 像素×1 927 像素的文件，命名为"APP 界面"，如图 8-121 所示。

图 8-121

2）选择矩形工具，绘制灰色背景区域，如图 8-122 所示。

图 8-122

3）打开素材图片"首页广告图"放在画布中，按 Ctrl+T 组合键调整大小。选择矩形工具绘制背景，如图 8-123 所示。

图 8-123

4）选择文字工具输入文字内容，再选择矩形工具绘制圆角矩形和圆形滚动页符号，如图 8-124 所示。

图 8-124

5）打开符号素材图片放在首页中，选择文字工具输入文字内容，如图 8-125 所示。

图 8-125

6）选择圆角矩形工具绘制页面布局，填充白色。按 Ctrl+T 组合键调整大小，如图 8-126 所示。

7）制作上方区域。打开符号素材图片放在首页中，选择文字工具输入文字内容。选择移动工具调整页面内容摆放位置，再选择圆角矩形工具绘制图形，如图 8-127 所示。

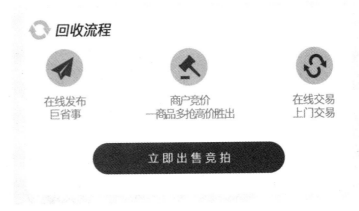

图 8-126　　　　　　　　　　　　　　　　图 8-127

8）制作中间区域。打开"图像 3"素材图片，按 Ctrl+T 组合键调整大小，放置在合适位置。选择"图像 1"图层，建立圆形图层蒙版。同样方法处理"图像 2"素材图片，选择文字工具输入文字内容。效果如图 8-128 所示。

图 8-128

9）制作下方区域图形一。选择椭圆工具和圆角矩形工具绘制图形。打开符号素材图片放在首页中，选择文字工具输入文字内容。选择"钢笔 P"完善图形右上角。效果如图 8-129 所示。

10）制作下方区域图形二。选择圆角矩形工具绘制图形。打开素材图片"放大镜"放在首页中，选择文字工具输入文字内容。选择矩形选框工具框选一半圆角矩形，锁定透明，填充浅蓝色。效果如图 8-130 所示。

图 8-129

图 8-130

11）下方区域完成效果如图 8-131 所示。

图 8-131

12）打开符号素材图片放在首页中，选择文字工具输入文字内容，如图 8-132 所示。

客服专线：025-52442235

服务时间：9:00－21:00

图 8-132

任务三　德育伴我健康成长

任务效果图（见图 8-133）

操作视频

图 8-133

实现过程

1）选择"文件"→"新建"命令，打开"新建"对话框。设置"名称"为"德育伴我健康成长+姓名"，设置"宽度"为50、单位为"厘米"，设置"高度"为30、单位为"厘米"，设置"分辨率"为150像素/英寸，如图8-134所示。

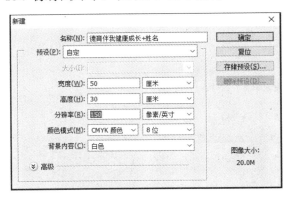

图 8-134

 技巧与提示

实际尺寸一般都比示范比例大，在实际工作输出时，就采用实际度量单位，通常采用厘米。在颜色模式中，需要使用 CMYK 颜色，以便输出。

2）按 Alt+Delete 组合键，填充前景色，如图8-135所示。

图 8-135

3）按 Ctrl+Shift+N 组合键，新建一个图层，命名为"图层1"。

4）选择钢笔工具，在画布的上方绘制图形，如图8-136所示。

图 8-136

5）选择渐变工具，然后打开"渐变编辑器"对话框，如图 8-137 所示。

图 8-137

6）双击第 1 个色标块，将颜色调深，如图 8-138 所示。再双击第 2 个色标块，对颜色进行设置，如图 8-139 所示。

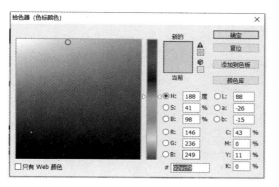

图 8-138

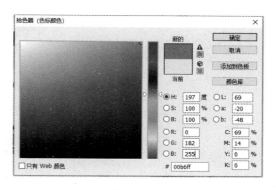

图 8-139

7）设置后的"渐变编辑器"对话框如图 8-140 所示。

图 8-140

8）在选区中由下向上拖动，为其填充渐变色，如图 8-141 所示。

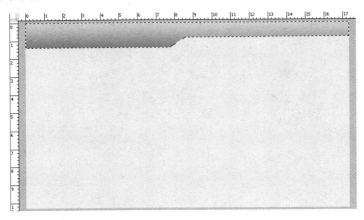

图 8-141

9）按 Ctrl+D 组合键取消对选区的选择，将图层 1 的不透明度设置至 80%。

10）选择移动工具，按住 Alt 键将图层 1 向下拖动复制，效果如图 8-142 所示。

图 8-142

11）按 Ctrl+T 组合键进行自由变换，将图层旋转 180°，如图 8-143 所示。

图 8-143

12）按 Ctrl+J 组合键复制图层 1 的副本，将其稍稍上移，并将不透明度设置为 30%，如图 8-144 所示。

图 8-144

13）选中刚刚复制的图层，按 Ctrl+T 组合键，将其向右微调，如图 8-145 所示。

图 8-145

14）导入树叶图片，放置在合适位置，将不透明度设置为 25%，如图 8-146 所示。

图 8-146

15）选择文字工具，将字体设置为方正舒体，字号设置为 60 点，文字颜色设置为黑色，然后在画布上部输入文字，如图 8-147 所示。

16）在"图层"面板中为其添加图层样式。为文字描白色边，"描边"选项设置如图 8-148 所示。

17）新建图层，使用钢笔工具绘制一个梯形并填充颜色，如图 8-149 所示。

18）在梯形中输入文字，并为文字设置外发光图层样式，如图 8-150 所示。

图 8-147

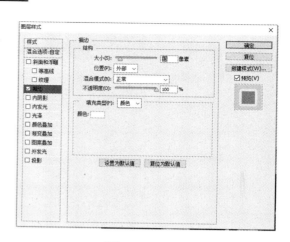

图 8-148

图 8-149

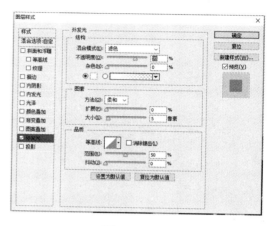

图 8-150

19）导入文字，按图 8-151 所示进行排版。

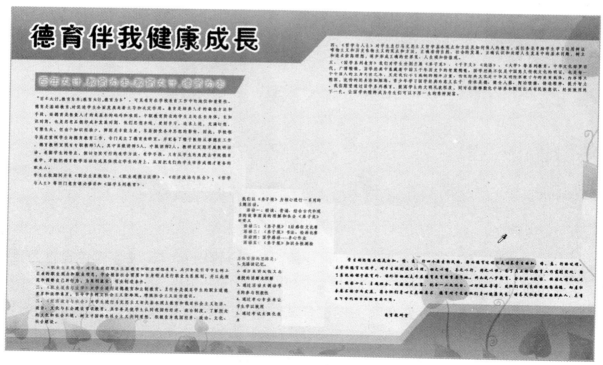

图 8-151

20）导入照片，按图 8-152 所示进行摆放。

图 8-152

21）将所有图层设置为可见状态。最终完成的效果如图 8-153 所示。

图 8-153

任务四　逢考必过

任务效果图（见图 8-154）

图 8-154

操作视频

实现过程

1）选择"文件"→"新建"命令，打开"新建"对话框。设置"名称"为"逢考必过"，设置"宽度"为 1 024、单位为"像素"，设置"高度"为 1 024、单位为"像素"，默认"分辨率"为 72 像素/英寸，如图 8-152 所示。

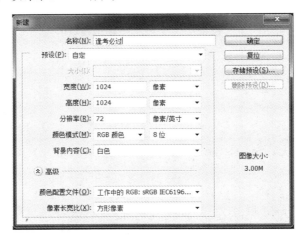

图 8-152

技巧与提示

在计算机及手机屏幕上的显示分辨率都是 72 像素/英寸。在颜色模式中，需要使用 RGB 颜色，以适应肉眼。

2）在画布上绘制竖条细纹理，如图 8-153 所示。

3）选择"滤镜"→"扭曲"→"极坐标"命令，选中"平面坐标到极坐标"单选按钮，如图 8-154 所示。

图 8-153

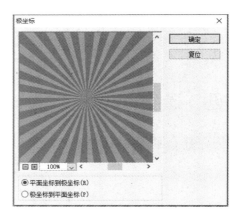

图 8-154

4）将"古典素材-圆"图片导入文件中，将多余部分删除，如图 8-155 所示。设置图层样式为"浅色"，不透明度为 20%，如图 8-156 所示。

5）选择椭圆工具，绘制与圆同样大小的路径，选择文字工具输入开设的课程，如图 8-157 所示。

图 8-155

图 8-156

6）绘制同心圆，填充颜色为蓝色，设置图层样式为"浅色"，如图 8-158 所示。设置不透明度为 20%，如图 8-159 所示。

7）绘制同心圆，填充颜色为橡皮粉色，设置图层样式为"浅色"，如图 8-160 所示。设置不透明度为 20%，如图 8-161 所示。

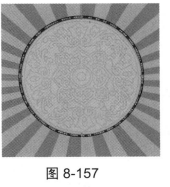

图 8-157

图 8-158

图 8-159

图 8-160

8）将"图标素材.psd"文件中的图标（见图 8-162）分别放置在图形中，如图 8-163 所示。

图 8-161

图 8-162

9）将"锦鲤素材"图片处理后，导入文件中，并放置在圆心上，如图 8-164 所示。

图 8-163   图 8-164

10）将"古典素材-祥云"图片导入文件中，处理后进行图层样式设置。"投影"选项设置中，设置"混合模式"为"正片叠底"、"不透明度"为 75%、"距离"为 4 像素、"扩展"为 0%、"大小"为 4 像素，如图 8-165 所示。效果如图 8-166 所示。

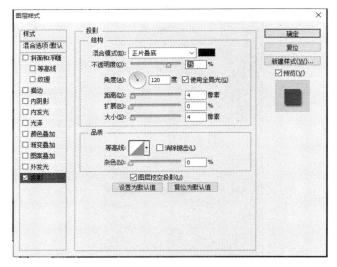

图 8-165   图 8-166

11）绘制矩形边框，作为整幅作品的边框设计。效果如图 8-167 所示。

12）选中文字工具，输入"锦鲤护体"，设置图层样式。效果如图 8-168 所示。

图 8-167   图 8-168

13）"锦鲤护体"采用如下图层样式。"描边"选项设置："大小"为 3 像素；"填充类型"为"颜色"；颜色值 R=255、G=162、B=0。使用同样的方法，输入文字"逢考必过"。设置如图 8-169、图 8-170 和图 8-171 所示。

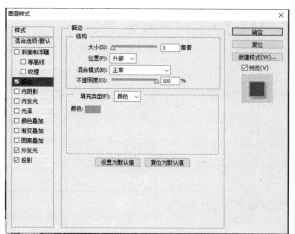

图 8-169

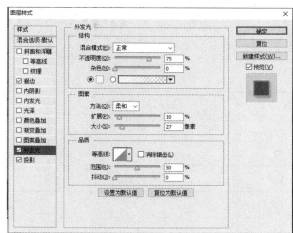

图 8-170

14）将"锦鲤"图层置于最顶层。最终效果如图 8-172 所示。

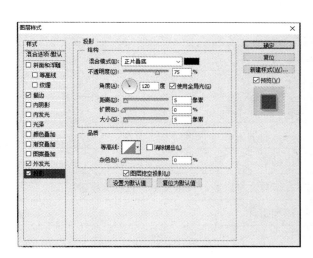

图 8-171

图 8-172

Photoshop 常用快捷键

图　标	快捷键/组合键	相关说明
	M	矩形、椭圆选框工具
	C	裁剪工具
	V	移动工具
	L	套索、多边形套索、磁性套索工具
	W	魔棒工具
	J	污点修复画笔工具
	B	画笔工具
	S	仿制图章、图案图章工具
	Y	历史记录画笔工具
	E	橡皮擦工具
	N	相机旋转工具
	K	对象旋转工具
	R	模糊、锐化、涂抹工具
	O	减淡、加深、海棉工具
	P	钢笔、自由钢笔工具
	T	横排文字、横排文字蒙版、直排文字、直排文字蒙版工具
	G	渐变、油漆桶工具
	U	矩形工具
	I	吸管工具
	H	抓手工具
	Z	缩放工具
	D	默认前景色和背景色
	X	切换前景色和背景色
	Q	切换标准模式和快速蒙版模式
	A	直接选择工具
	F	标准屏幕模式、带有菜单栏的全屏模式、全屏模式
	Ctrl+N	新建图形文件
	Ctrl+Alt+N	用默认设置创建新文件

图　标	快捷键/组合键	相关说明
	Ctrl+Alt+Shift+O	打开为
	Ctrl+W	关闭当前图像
	Ctrl+S	保存当前图像
	Ctrl+Shift+S	另存为
	Ctrl+Alt+S	存储副本
	Ctrl+P	打印
	Ctrl+K	打开"首选项"对话框
	Alt+Ctrl+K	打开最后一次显示的"首选项"对话框
	Ctrl+1	设置"常规"选项（在"首选项"对话框中）
	Ctrl+2	设置"界面"选项（在"首选项"对话框中）
	Ctrl+3	设置"文件处理"选项（在"首选项"对话框中）
	Ctrl+4	设置"性能"选项（在"首选项"对话框中）
	Ctrl+5	设置"光标"选项（在"首选项"对话框中）
	Ctrl+6	设置"透明度与色域"选项（在"首选项"对话框中）
	Ctrl+7	设置"单位与标尺"选项（在"首选项"对话框中）
	Ctrl+8	设置"参考线、网格和切片"选项（在"首选项"对话框中）
	Ctrl+Z	还原/重做前一步操作
	Ctrl+Alt+Z	后退一步
	Ctrl+Shift+Z	前进一步
	Ctrl+X 或 F2	剪切选取的图像或路径
	Ctrl+C	复制选取的图像或路径
	Ctrl+V 或 F4	将剪贴板的内容粘贴到当前图形中
	Ctrl+Shift+V	原位粘贴
	Ctrl+T	自由变换
	Ctrl+Shift+T	自由变换复制的像素数据
	Ctrl+Delete	用背景色填充所选区域或整个图层
	Alt+Delete	用前景色填充所选区域或整个图层
	Ctrl+L	打开"调整色阶"对话框
	Ctrl+M	打开"曲线"对话框
	Ctrl+B	打开"色彩平衡"对话框
	Ctrl+U	打开"色相/饱和度"对话框
	Ctrl+Shift+U	去色
	Ctrl+I	反相
	Ctrl+Shift+N	从对话框新建一个图层

Photoshop 基础实用教程（第2版）

164

图　标	快捷键/组合键	相关说明
	Ctrl+J	复制当前图层选区到新图层
	Ctrl+G	图层编组
	Ctrl+E	向下合并或合并链接图层
	Ctrl+Shift+G	取消图层编组
	/	保留当前图层的透明区域（开关）
	Ctrl+1	"投影"效果（在"图层样式"对话框中）
	Ctrl+2	"内阴影"效果（在"图层样式"对话框中）
	Ctrl+3	"外发光"效果（在"图层样式"对话框中）
	Ctrl+4	"内发光"效果（在"图层样式"对话框中）
	Ctrl+5	"斜面和浮雕"效果（在"图层样式"对话框中）
	Alt+-或+	循环选择混合模式
	Ctrl+Alt+N	正常
	Ctrl+Alt+M	正片叠底
	Ctrl+Alt+O	叠加
	Ctrl+Alt+F	柔光
	Ctrl+A	全部选取
	Ctrl+D	取消选择
	Ctrl+Shift+D	重新选择
	Shift+F6	羽化选择
	Ctrl+Shift+I	反向选择
	Ctrl+Shift+Y	打开/关闭色域警告
	Ctrl++	放大视图
	Ctrl+-	缩小视图
	Ctrl+0	满画布显示
	Ctrl+H	显示/隐藏选择区域
	Ctrl+Shift+H	显示/隐藏路径
	Ctrl+R	显示/隐藏标尺
	F5	显示/隐藏"画笔"面板
	F6	显示/隐藏"颜色"面板
	F7	显示/隐藏"图层"面板
	F8	显示/隐藏"信息"面板
	F9	显示/隐藏"动作"面板
	Tab	显示/隐藏所有命令面板

尊敬的老师：

您好。

请您认真、完整地填写以下表格的内容（务必填写每一项），索取相关图书的教学资源。

教学资源索取表

书　名				作者名	
姓　名		所在学校			
职　称		职　务		职　称	
联系方式	电　话		E-mail		
	QQ 号		微信号		
地址（含邮编）					
贵校已购本教材的数量（本）					
所需教学资源					
系/院主任姓名					

系/院主任：_____（签字）

（系/院办公室公章）

20_____年____月____日

注意：

① 本配套教学资源仅向购买了相关教材的学校老师免费提供。

② 请任课老师认真填写以上信息，并请系/院加盖公章，然后传真到（010）80115555 转 718438 索取配套教学资源。也可将加盖公章的文件扫描后，发送到 fservice@126.com 索取教学资源。欢迎各位老师扫码加我们的微信号，随时与我们进行沟通和互动。

③ 个人购买的读者，请提供含有书名的购书凭证，如发票、网络交易信息，以及购书地点和本人工作单位来索取。

微信号

反侵权盗版声明

电子工业出版社依法对本作品享有专有出版权。任何未经权利人书面许可，复制、销售或通过信息网络传播本作品的行为，歪曲、篡改、剽窃本作品的行为，均违反《中华人民共和国著作权法》，其行为人应承担相应的民事责任和行政责任，构成犯罪的，将被依法追究刑事责任。

为了维护市场秩序，保护权利人的合法权益，我社将依法查处和打击侵权盗版的单位和个人。欢迎社会各界人士积极举报侵权盗版行为，本社将奖励举报有功人员，并保证举报人的信息不被泄露。

举报电话：（010）88254396；（010）88258888
传　　真：（010）88254397
E-mail：　dbqq@phei.com.cn
通信地址：北京市海淀区万寿路 173 信箱
　　　　　电子工业出版社总编办公室
邮　　编：100036